矿井数字视频信息处理技术

程德强 著

科学出版社

北京

内 容 简 介

本书是作者及其研究团队长期从事矿井多媒体通信与监控研究的成果,围绕矿井生产系统和信息系统的特点,充分考虑了矿井特殊的设备运行环境和系统结构,对矿井数字视频信息处理技术展开研究。本书内容体现了矿井多媒体通信与监控的特点,将经典方法和最新研究成果在特殊环境下进行创新研究和应用。

本书注重理论和实践的结合,可作为行业高校高年级本科生和研究生的专业教材和参考资料,同时也可作为从事矿井自动化和信息处理技术工作的科研人员、工程技术人员的参考资料。

图书在版编目(CIP)数据

矿井数字视频信息处理技术/程德强著. —北京:科学出版社,2012
 ISBN 978-7-03-035772-4

Ⅰ.①矿… Ⅱ.①程… Ⅲ.①矿井-矿山通信-数字视频系统-数字信号处理 Ⅳ.①TD65

中国版本图书馆 CIP 数据核字(2012)第 242563 号

责任编辑:杨 锐/责任校对:钟 洋
责任印制:赵德静/封面设计:许 瑞

科学出版社 出版
北京东黄城根北街 16 号
邮政编码:100717
http://www.sciencep.com

源海印刷有限责任公司 印刷
科学出版社发行 各地新华书店经销

*

2012 年 11 月第 一 版　　开本:B5(720×1000)
2012 年 11 月第一次印刷　　印张:10 1/4
字数:194 000

定价:**52.00 元**
(如有印装质量问题,我社负责调换)

前 言

煤矿安全生产对推进经济社会全面、协调、可持续发展，保障人民群众生命财产安全，促进社会和谐稳定都具有重要意义。坚持"科技兴安"，充分发挥科技的支撑和引领作用，提升煤矿安全保障能力，是实现煤矿安全生产形势根本好转的坚实基础。同时，随着经济发展对能源的需求与依赖日益加大，受资源环境影响，矿井开采深度不断延伸，煤矿井下工况环境愈加复杂，机械化、自动化水平不断提升，生产装置的复杂性、危险性不断加大，对安全保障技术要求越来越高。

随着实时数字视频编码技术的发展和煤矿高速信息网络传输平台的铺设，实时数字视频信息监控系统在矿井安全生产监控中，以其可视化操作和形象直观等优点得到大量应用，为井下安全生产提供了高效的远程可视化监控。但由于矿井巷道结构复杂、电磁干扰严重等特点，传统数字信息系统在矿井下的应用受到限制。因此，需要综合考虑矿井网络中数据流传输特点、物理环境影响和电磁干扰现象，研究适合矿井应用的数字视频信息处理技术。

全书共6章。第1章是研究工作的背景和意义，分析了当前矿井数字视频信息处理特点和技术现状。第2章分析了矿井工业以太网传输信源的特点和数字通信的基本特征，结合前期的理论分析，选用应用层组播技术为矿井数字视频信息的传输控制机制。然后，基于应用层组播机制，采用免疫算法构建了应用层组播树，用来进行网络节点的管理和维护。第3章分析了经典模糊理论的优缺点，以煤矿图像为研究背景，针对煤矿图像由于光照不均造成图像对比度差等问题，以小波分析为工具，研究基于模糊理论的矿井图像增强方法。第4章和第5章中，考虑矿井巷道结构复杂、电磁干扰严重等特点，使得数据传输的可靠性在矿井下的应用受到挑战。同时，矿井多媒体视频传输过程中，大容量实时视频流的传输对网络带宽也有比较高的要求，在没有拥塞控制机制的"尽力而为"的通信网络，由于视频源的时变特性，在矿井视频流传输过程中不可避免会发生丢包或者误码事件，会影响相关数据的解码重建，形成"误码扩散"，严重影响解码端的质量，因此，主要分析视频数据的差错控制技术。在矿井视频信息传输中，考虑到系统的特点和数字视频信息传输的实时性，在发送和接收端不可能存在反馈信道，需要反馈信道的自动重传和交互作用的差错控制不适合于矿井环境下的应用，本书结合矿井流媒体系统的结构和工作原理，重点研究前向纠错技术（forward error correction，FEC）和差错隐藏技术（error concealment，EC）。其中，第4章研究了应用层的前向纠错技术，第

5 章研究了矿井高丢包网络环境下视频数据差错隐藏技术。第 6 章对研究内容进行了总结。

作者长期从事矿井通信和多媒体信息处理方向的科研工作，所在团队为中国矿业大学"矿井通信与监控创新团队"，本书是作者及其研究团队近几年的研究成果。

感谢中国矿业大学信息与电气工程学院钱建生教授为作者提供的良好科研平台和环境，正是钱教授对问题高屋建瓴的驾驭能力和耐心指导，使作者取得了在国家高技术研究发展计划(2012AA062102,2012AA062103)、江苏高校优势学科建设工程资助项目(测绘科学与技术)以及国家自然科学基金项目(51204175，U1261105)下的一批研究成果。中国矿业大学蔡利梅副教授为本书的撰写提供了素材；研究生赵亮、何远清、李文节、胡娴等做了大量的辅助工作；科学出版社杨锐编辑在出版过程中付出了辛勤努力，在此一并致谢！

本书在写作过程中参考了大量资料，包括书籍、论文和网络信息，均尽量列于书后，在此对这些单位和作者予以感谢。如有遗漏，敬请谅解。

由于作者水平和所获取资料途径的限制，疏漏和错误之处在所难免，敬请各位同行专家、读者批评指正。作者电子邮件地址为 cdqcumt@126.com。

程德强
2012 年 9 月 12 日

目 录

前言
第1章 绪论 ··· 1
  1.1 研究的背景和意义 ·· 1
  1.2 矿井数字视频信息处理技术现状 ·································· 3
    1.2.1 数字视频信息传输控制机制 ································· 4
    1.2.2 图像增强方法 ·· 9
    1.2.3 视频数据差错控制方法 ····································· 11
    1.2.4 数字视频信息处理系统 ····································· 15
  1.3 本书的主要工作和内容安排 ······································ 16
第2章 矿井数字视频组播网络研究 ···································· 18
  2.1 基于工业以太网的矿井综合信息传输技术 ····················· 18
    2.1.1 矿井工业以太网技术分析 ·································· 18
    2.1.2 基于工业以太网的综合信息网络平台结构模式 ·········· 20
    2.1.3 矿井工业以太网中的数字信源分析 ······················· 21
    2.1.4 矿井工业以太网中数字通信的基本特征 ·················· 23
  2.2 矿井工业以太网中数字视频信息传输特点分析 ··············· 23
  2.3 应用层组播技术 ·· 24
    2.3.1 应用层组播性能标准 ·· 24
    2.3.2 应用层组播节点的组织方式 ································ 26
    2.3.3 组播节点的维护 ·· 29
    2.3.4 流量控制和拥塞控制 ·· 29
  2.4 基于免疫算法的分层应用层组播树构建 ························ 30
    2.4.1 免疫算法分析 ·· 30
    2.4.2 分层覆盖网络应用层组播树问题描述 ····················· 32
    2.4.3 数据类型及处理方法 ·· 33
    2.4.4 组播树构建 ··· 37
    2.4.5 仿真实验和结果分析 ·· 43

第3章 基于模糊理论的矿井图像增强方法 ·47

3.1 模糊理论图像处理的必要性和合理性 ·47
3.2 模糊数学理论分析 ·48
  - 3.2.1 模糊集的定义 ·48
  - 3.2.2 模糊集的表示 ·49
  - 3.2.3 模糊集的隶属函数 ·49
3.3 模糊理论图像增强算法分析 ·51
  - 3.3.1 经典模糊理论图像增强方法 ·53
  - 3.3.2 其他学者改进后的模糊理论增强算法 ·54
  - 3.3.3 矿井图像的模糊增强中的应用及仿真分析 ·61
3.4 基于模糊理论和小波的图像增强算法的分析与仿真 ·63
  - 3.4.1 小波变换理论分析 ·63
  - 3.4.2 基于小波和模糊理论图像增强的算法分析 ·65
  - 3.4.3 实验结果及分析 ·69

第4章 矿井应用层组播网络中的应用层 FEC 控制研究 ·71

4.1 视频传输中的差错控制技术 ·71
  - 4.1.1 研究的意义 ·71
  - 4.1.2 差错控制技术分析比较 ·72
4.2 前向纠错原理及方法分析 ·74
  - 4.2.1 前向纠错编码思想及纠错码的分类 ·74
  - 4.2.2 基于 RTP 的 FEC 包结构分析 ·78
4.3 应用层 FEC 算法设计及实现 ·83
  - 4.3.1 编码方案设计 ·83
  - 4.3.2 传输参数控制策略 ·91
  - 4.3.3 实验模型及仿真分析 ·95

第5章 矿井高丢包网络环境下视频数据差错隐藏方法研究 ·99

5.1 差错隐藏方法特点 ·99
5.2 时域差错隐藏算法研究与分析 ·99
  - 5.2.1 零运动矢量法 ·100
  - 5.2.2 边界匹配算法 ·101
  - 5.2.3 边框匹配算法 ·102
  - 5.2.4 简化的边框匹配算法 ·104
  - 5.2.5 实验结果与分析 ·106
5.3 空域差错隐藏算法研究与实现 ·110
  - 5.3.1 双线性内插法 ·111

  5.3.2 传统方向插值算法 …………………………………… 111
  5.3.3 多方向插值法 …………………………………………… 113
  5.3.4 改进的多方向插值法 …………………………………… 115
  5.3.5 自适应空域隐藏算法 …………………………………… 116
  5.3.6 实验结果与分析 ………………………………………… 118
 5.4 时空域结合的差错隐藏算法 ……………………………………… 123
  5.4.1 时空域结合差错隐藏算法的实现 ……………………… 123
  5.4.2 实验结果与分析 ………………………………………… 124
 5.5 视间域的运动/视差矢量估计算法研究 ………………………… 129
  5.5.1 视差的描述 ……………………………………………… 129
  5.5.2 基于块匹配的运动/视差矢量估计 …………………… 130
  5.5.3 改进的运动/视差矢量搜索策略 ……………………… 131
  5.5.4 基于特征匹配的全局视差矢量估计 …………………… 133
  5.5.5 全局运动/视差矢量估计算法 ………………………… 135
  5.5.6 实验结果与分析 ………………………………………… 137
 5.6 多视点视频编码的差错隐藏算法 ………………………………… 137
  5.6.1 差错的传播方式 ………………………………………… 137
  5.6.2 多视点视频差错隐藏的基本模式 ……………………… 138
  5.6.3 优化权值的多重估计算法 ……………………………… 141
  5.6.4 实验结果与分析 ………………………………………… 143

第6章 结论 ……………………………………………………………… 146
 6.1 主要研究内容总结 ………………………………………………… 146
 6.2 下一步研究方向 …………………………………………………… 146

参考文献 ………………………………………………………………… 148

第1章 绪 论

我国煤矿中约91%是井工矿,在世界主要产煤国家中开采条件最复杂。健全完善的煤矿井下监测监控装备和系统,能够为实现煤矿安全生产形势根本好转奠定坚实基础,并为推进经济社会全面、协调、可持续发展,保障人民群众生命财产安全提供重要保障[1]。

数字视频信息监控系统是矿井安全生产监控的一个有机组成部分。随着实时数字视频编码技术和煤矿高速信息网络传输平台的铺设,实时数字视频信息监控系统在矿井安全生产监控中以其可视化操作和形象直观等优点得到大量应用,为少人(无人)井下安全生产提供了高效的远程可视化监控。但由于矿井巷道结构复杂、电磁干扰严重等特点,传统数字信息系统在矿井下的应用受到挑战。因此,需要综合考虑矿井网络中数据流传输特点、物理环境影响和电磁干扰现象,研究适合矿井应用数字视频信息处理技术。

1.1 研究的背景和意义

计算机网络技术的飞速发展,带动了工业控制系统技术水平的快速提高,工业以太网(Ethernet)技术将宽带网延伸至煤矿井下,提高了煤矿综合自动化、信息化的水平。

在数字视频信息传输方面,当前矿井工业以太网中,数据流具有不对称性,下行数据主要以控制数据为主,上行数据主要以检测数据和数字视频信息为主[2]。针对数字视频信息的实时传输,为了满足连续媒体实时性和高吞吐量的要求,流式视频处理是非常有效的一种方法[3,4]。视频图像经压缩编码被流化,并通过网络接口发送给网络,经过网络寻址和传输到达客户端。

目前采用的数字视频传输协议包括TCP和UDP[3,5]。TCP作为可靠的传输控制协议,可以用来传输流式视频。然而,TCP基于AIMD的慢启动流量控制,可引起剧烈的视频质量抖动;此外,可靠的数据传输对流式视频传输是不必要的,因为流式视频在某种程度上可以容忍数据损失,并且TCP的错误重传机制会引起过大的视频传输延迟。相对而言,UDP是一种非可靠传输控制协议,对流式视频传输,是一种更为广泛使用的传输控制协议。对流式视频传输,UDP的主要优点是放弃了TCP中的错误重传,允许数据丢失,数据传输实时性高。

视频数据的传输对于实时性的要求远高于可靠性,因此实时视频流传输用 UDP 实现,而利用 TCP 为发送端和接收节点之间控制信号提供有序、可靠的传输服务。但是,UDP 没有流量和拥塞控制机制,不能对网络状况做出反应,带有一定的带宽侵占性,因此,直接将 UDP 应用到网络视频流的传输,容易造成网络中 TCP 控制数据流带宽的"饿死",产生网络传输中断。所以,在矿井数字视频信息传输过程中,需要对流媒体的网络传输数据应用合适的传输和控制机制,保证实时视频流的可靠传输,并且提高其网络传输效率,避免网络拥塞,形成安全、高效的矿区监控网络平台。

在矿井图像增强方面,煤矿井下环境特殊,全天候人工照明,加上粉尘和潮湿影响,导致井下视频具有以下特点[6,7]:

(1) 照度低,虽然井下备有照明设备,但是不同于自然光成像,照度明显不足。

(2) 光照分布不均匀,同一个监控场景,靠近光源部分照度强,甚至发生镜面反射,图像中一片白;远离光源部分照度明显不足,物体轮廓仅隐约可见。

(3) 几乎没有色彩,除了个别颜色较醒目的设备外,所有的图像颜色以黑、灰、白为主,处理图像时没有色彩信息可利用;而目前的检测方法中,颜色是所采用的主要特征。

(4) 工人工作服一般为深色,再加上工作服沾染煤灰的可能性很大,在低照度下和背景灰度非常接近,个别情况下,即使人眼也需要特别留意才能分辨出人形,属于"目标和环境颜色类似"这种较难处理的情况。

(5) 矿灯晃过区域,亮度改变极大,采用目前的检测方法,往往检测到矿灯照射区域,导致目标检测错误或定位区域不正确,影响后续的跟踪和分析识别。

煤矿井下视频的这种特殊性给矿井的远程可视化监视效果和后续的运动目标自动检测、识别带来很大困难,对矿井智能视频信息的处理带来挑战,如煤矿井下危险区域的运动目标的自动监控、报警问题等。因此,研究井下特殊环境的图像增强方法,提高煤矿井下图像的可读性能,对于煤矿的安全生产监控具有重要的意义。

在矿井高丢包网络环境下视频数据错误控制方面,由于视频压缩编码过程中采用了运动补偿和可变长编码技术,视频数据在传输过程中一旦出现误码,就会影响与此相关数据的解码重建,形成"误码扩散",严重影响解码端的质量[8]。矿用工业以太网中,针对数字视频信息的传输,采用的是不可靠的"尽力而为"的通信协议,而且矿井网络通信受到的电磁干扰严重,在视频流传输过程中不可避免会发生丢包事件,而且视频源也具有时变特性,增加了视频通信的不可靠性。差错控制技术(error resilience)通过检测到差错并对差错进行控制使其产生的影响降到最小,并有相应的方法能在解码端恢复对应的差错误码。因此,需要在矿井数字视频传输体系下,研究适合矿井数字视频信息系统的高效图像错误控制方法。

在矿井数字视频信息系统方面,数字化和网络化是一种发展趋势。监控系统从最初的模拟监控系统发展到基于 PC 多媒体卡的数字监控系统,解决了视频质量和数据存储的问题,大量的局部监控系统得以建立。但网络带宽的不足和音视频编解码技术的限制,使得网络化的数字监控系统发展缓慢。随着宽带网络的迅速普及和多媒体及 Internet 技术的发展,特别是矿井宽带工业以太网络和视频高效编码压缩技术的逐步成熟,网络化的数字监控系统进入大规模的现场应用阶段。

近年来,根据煤矿安全生产的需要,许多煤矿都建立了数字视频信息监控系统,为矿井生产调度、安全生产提供了直观可靠的手段。但是,数字视频信息监控系统仍然受到一些固有因素的限制,既包括监控者自身生理上的弱点,也包含视频监控系统配置以及视频监控设备在功能和性能上的局限性。这些限制因素使各类数字视频信息监控系统均或多或少存在报警精确度差、误报和漏报现象多、报警响应时间长、录像数据分析困难等缺陷,从而导致整个系统安全性和实用性的降低。智能数字视频信息监控的提出在很大程度上弥补了数字视频信息监控系统存在的缺陷。

智能视频信息技术是通过数字图像处理和分析来理解视频画面中的内容,借助计算机强大的数据处理功能,对视频画面中的海量数据进行高速分析,过滤掉用户不关心的信息,仅为监控者提供有用的关键信息。智能数字视频信息监控以数字化、网络化视频监控为基础,又有别于一般的网络化视频监控,是一种更高端的数字视频信息监控应用系统。智能数字视频信息监控系统能够识别不同的物体,发现监控画面中的异常情况,并能够以最快和最佳的方式发出警报和提供有用信息,从而能够更加有效地协助安全人员处理危机,最大限度地降低误报和漏报现象的发生。因此,通过矿井数字视频信息技术处理技术的研究,结合矿井数字视频信息监控系统特点,可为智能数字视频信息联动监控系统的设计提供理论基础。最终,解决传统视频信息监控系统因为一些固有因素的限制而带来的许多问题,为煤矿企业的安全生产提供保障。

1.2 矿井数字视频信息处理技术现状

针对矿井网络多媒体数据流和数字视频图像信息的特点,从矿井数字视频信息传输机制、矿井低照度图像增强方法和矿井高丢包网络环境下视频数据差错控制方法三方面展开研究,为构建可靠高效的矿井数字视频信息处理监控系统提供理论指导。

1.2.1 数字视频信息传输控制机制

为了使视频流在 IP 网络上可靠、高效传输,研究工作主要可以分为两个方面[5,9,10]:

(1)发展更具灵活性的视频编码方案,进一步提高视频数据的压缩效率,使得信源编码输出的数据量尽可能得少,以适应网络最低传输带宽的情况,同时,必须有合适的差错控制技术来保证在用户端得到的视频失真最小。

(2)发展网络传输控制技术,提高传输网络性能和数据传输效率,节省占用网络带宽,均衡网络负载,避免大容量实时视频流的传输引起网络阻塞。

当前,用于网络视频流传输的主要有 MPEG-1、MPEG-2、MPEG-4、H.263 和 H.264 编码算法。按照发展历程,数字视频压缩算法可划分为两代[5]:第一代是传统的压缩编码格式,其理论基础是香农(Shannon)的信息论,以经典的集合论为基础,用概率统计模型来描述信源,然后使用压缩技术去掉数据冗余信息;第二代是基于内容的编码方式,从信息接收者的角度和主观特性出发,考虑对象本身的含义、重要性以及引起的后果,去掉内容的冗余信息。下面主要针对 H.263、MPEG-4 和 H.264 编码算法进行简要分析。

H.263 是基于运动补偿的 DPCM 的混合编码,在运动搜索的基础上进行运动补偿,然后运用 DCT 变换和"之"字形扫描游程编码,从而得到输出码流。H.263 在 H.261 的基础上,将运动矢量的搜索增加为半像素点搜索,同时又增加了无限制运动矢量、基于语法的算术编码、高级预测技术和 PB 帧编码四个高级选项,从而达到了进一步降低码率和提高编码质量的目的。

H.263 采用运动视频编码中常见的编码方法,将编码过程分为帧内编码和帧间编码两个部分。I 帧内用改进的 DCT 变换并量化,在帧间采用 1/2 像素运动矢量预测补偿技术,使运动补偿更加精确,使用改进的变长编码(VLC)对量化后数据进行熵编码,得到最终的编码系数。H.263 的编码速度快,其设计编码延时不超过 150ms;同时,编码输出码率低,在 512K 乃至 384K 带宽下仍可得到相当满意的图像效果,十分适用于需要双向编解码并传输的场合和网络条件不是很好的场合。

MPEG-4 是 ISO 为传输数码率低于 64kbps 的实时图像设计的。与 JPEG、MPEG-1、MPEG-2 等其他标准所采用的基本压缩算法不同,该标准采用基于模型的编码、分形编码等方法,以获得极低码率的压缩效果。所涉及的应用范围覆盖了有线、无线、移动通信、Internet 以及数字存储回放等各个领域,它在信息描述中首次采用了"对象(object)"概念,因此是以内容为中心的描述方法,对信息元的描述更符合人的心理,不仅获得比现有标准更优越的压缩性能,也提供了各种新功能的应用。

MPEG-4 是第一个用户可在接收端对画面进行操作和交互访问的编码标准。由于 MPEG-4 基于对音视频对象（AVO）独立编码，必须同时传送编码对象的组成结构信息——"场景描述"。"场景描述"信息是独立传输的，解码时在解码端可改变选定 AVO 的"场景描述"参数，对图像和声音的有关内容进行编辑和操作。MPEG-4 引入了合成与自然混合编码，以往的编码把人工合成信息视为自然信息的一个子集，如把计算机图形视为视频，MPEG-4 把这类数据视为一种新的数据类型，支持对人工合成 AVO 数据与自然 AVO 数据混合编码，这样的合成编码不仅可极大地提高编码效率（可获得 1kbps 的超低码率），而且可用于实现虚拟电视会议系统，丰富用户与场景的交互。

H.264 是 ITU-T 的 VCEG（视频编码专家组）和 ISO/IEC 的 MPEG（活动图像编码专家组）的联合视频组（joint video team，JVT）开发的一个新的数字视频编码标准，它既是 ITU-T 的 H.264，又是 ISO/IEC 的 MPEG-4 的第 10 部分。H.264 和其他压缩算法一样，采用 DPCM 加变换编码的混合编码模式。但它采用"回归基本"的简洁设计，不用众多的选项，获得比 H.263 好得多的压缩性能；加强了对各种信道的适应能力，采用"网络友好"的结构和语法，有利于对误码和丢包的处理；应用目标范围较宽，以满足不同速率、不同解析度以及不同传输（存储）场合的需求。

H.264 不但具有更高的编码效率，而且具有更好的网络适应性，还引入了面向 IP 包的编码机制，既有利于分组传输，又支持视频的流式传输，具有较强的抗误码特性。

相对于 MPEG-4 和 H.263 的性能，H.264 各方面性能具有明显的优越性。但是，H.264 性能的改进是以增加复杂性为代价而获得的，据估计，其编码的计算复杂度大约相当于 H.263 的 3 倍，解码复杂度大约相当于 H.263 的 2 倍[11,12]。

流媒体是指采用流式传输的方式在 Internet/Intranet 播放的媒体格式，如音频、视频或多媒体文件。流式传输主要指将多媒体数据经过特定的压缩方式解析成一个个压缩包，由视频服务器向用户计算机顺序或实时传送。在采用流式传输方式的系统中，流媒体数据流随时传送随时播放。流媒体数据流具有三个特点：连续性、实时性、时序性。

为了满足矿井数字视频信息监控系统中对连续媒体实时性和高吞吐量的要求，流式视频处理是非常有效的一种方法。根据流媒体数据内容的播放方式和对实时性要求的不同[5]，流媒体业务分为视频直播（live video，LV）和视频点播（video on demand，VOD）两类。根据矿井数字视频信息处理系统的特点，同时由于视频信息压缩算法已经成熟可靠，本书的研究对象主要针对于视频直播类业务。在此种模式下，视频数据的传输控制主要有单播和组播两种机制。

1. 单播

在单播(unicast)模式下，客户端与媒体服务器之间建立一个单独的数据通道，每个用户必须分别对媒体服务器发送单独的查询，而视频服务器向每个用户发送所申请的数据包拷贝。

以此种方式进行的数据流传输，其优点为：各个用户接收的视频彼此独立，服务器可以与每个用户进行交互操作，适合在广域网中使用；缺点为：当用户增多时，服务器的负担增加，可能导致服务器的过载，在网络中产生大量的冗余数据包，从而增大网络拥塞概率。

2. IP 组播

IP 组播将 IP 数据包"尽力传输(best-effort)"到一个构成组播群组的主机集合，群组的各个成员可以分布于各个独立的物理网络上。IP 组播群组中成员的关系是动态的，主机可以随时加入和退出群组，群组的成员关系决定了主机是否接收送给该群组的组播数据包。IP 组播工作在通信模型的网络层，因此，也称为网络层组播。

组播发送时，服务器将一组客户请求的流媒体数据发送到支持组播技术的路由器上，然后由路由器一次将数据包根据路由表复制到多个通道上，再向用户发送。此种机制下，流媒体服务器只需要发送一个数据包，所有发出请求的客户端都共享同一数据包，并且数据可以发送到任意地址的客户机，没有请求的客户机不会收到数据包。

从网络传输控制角度而言，对于现有"尽力传输"的 IP 网络，如果进行大流量、多点的内容传输，尤其多路实时视频流的传输，IP 组播是一种有效的传输机制[13~16]。与点对点的单播数据传输协议相比，IP 组播的带宽利用高，数据传输效率高。

如图 1-1 所示，建立一个视频服务器和远端网络的通信，网络中有 N 个用户。对于组播传输，流媒体源通过发送端只需向网络中传输一个视频信息流，通过路由器给不同的接收端发送复制视频数据包。无论有多少接收端，保证不同的链路只传输一个视频信息流，减少不必要的视频复制，节省网络带宽。对于单播传输，流媒体源通过发送端向每一个发送请求的接收端复制一个视频流，并发送至接收端，因此，对于 N 个用户，需要在发送端把同一视频流复制 N 次后在网络中传输，发送服务器及其所在网络的容量是一个巨大的瓶颈。

针对于实时流媒体视频信号的网络传输，同单播相比，IP 组播能够有效地节省网络带宽和资源，管理网络的增容和控制开销，大大减轻发送服务器的负荷，达到发送信息的高性能，可以节省网络带宽和资源[5,17~19]。

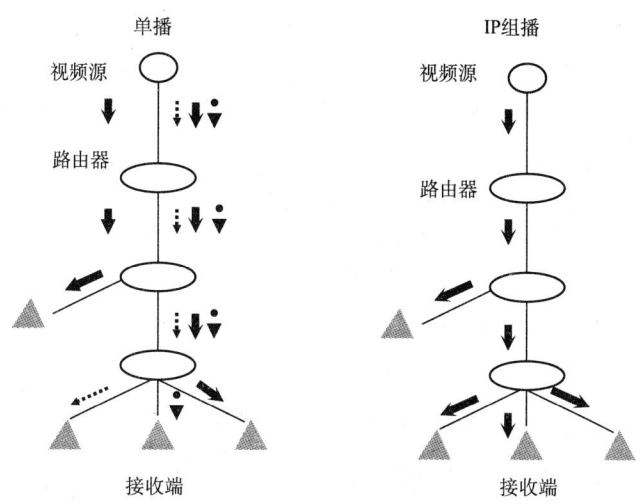

图 1-1 单播和 IP 组播比较

但是，欲实现 IP 组播在网络中的大量应用，主要存在以下的限制[16]：

(1) 从应用的角度，IP 网络层中实现组播，要求网络中的交换设备都要支持组播路由协议。因此，对现有网络系统的重新部署，成为限制 IP 组播发展的瓶颈。

(2) 从市场的角度，IP 组播改变了传统的计费管理模式，尽管已经有了商业化的支持组播协议的设备，大多数网络服务提供商（Internet service providers，ISP）不愿在其网络中采用组播来减少网络流量，对于 IP 组播的推广缺乏热情，限制了基于网络层的组播技术发展。

(3) 从技术的角度，IP 组播需要记录组状态（组名与成员地址），使得协议十分复杂，并且关于组播的很多协议还没有实现。除此之外，对于有异构网络组成的组播网络系统，用一种组播模型来适应所有的应用，网络管理和算法设计困难。

3. 应用层组播

端系统组播突破了 IP 层的组播存在诸如可扩展性、网络管理和拥塞控制等屏障[18]，其思想是由端系统而不是核心路由器实现组播通信功能。端系统组播是将组播作为一种叠加的业务在应用层实现，因此也称为应用层组播。

由于应用层组播网的节点是组播成员主机（终端节点），数据路由、复制、转发功能都由成员主机完成，成员主机之间建立一个叠加在网络之上的逻辑连接实现组播业务，因此应用层组播也在一些文献中被称为覆盖网络组播。

在应用层组播里，组播状态不是由路由器维护，而是由主机维护。网络可以支持大量的组播组，便于业务的扩展，更重要的是简化了组播的控制。建立在网络连接之上的应用层组播可以利用 TCP 的可靠和拥塞控制来简化组播的可靠和拥塞控制,以达到更高的服务质量。但同时,由于主机代替了路由器的功能,而担当复制转发工作的普通终端主机性能不高,复制转发工作也是在应用层通过软件实现,所以在节点的稳定性、传输效率等方面还存在着一些问题。即使如此,应用层组播还是为我们提供了一个解决组播问题的途径。

图 1-2 为一个 IP 组播和应用层组播的示意图,图中圆形表示主机,正方形表示路由器。两个图的区别是,在网络层组播中数据包由路由器 A 和 B 转发,而在应用层组播中数据包由终端主机或者代理机 1、2 转发,能够避免上面所述网络层组播存在的问题[21,22]。

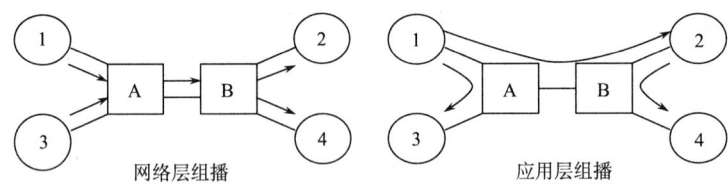

图 1-2 IP 组播与应用层组播

应用层组播把组播服务从网络层转移到应用层作为应用层服务实现,相对于网络层组播,其优势首先在于它不需要网络层对组播提供任何支持,避免了网络层组播存在的问题如地址分配、访问控制等;其次,它可以利用现有的拥塞控制、流量控制、可靠性等高层机制和底层协议如 TCP、RTP 等,保证了网络的健壮性和简单性;最后,由于它是通过终端主机间彼此合作形成应用层组播网络的方式提供组播服务,能够容易地解决网络和应用的异构性问题。

由于参与构造应用层组播网络的主机可以是终端主机(host),也可以是代理机(proxy),所以根据其在应用层组播网络上角色的不同可以将应用层组播网络的结构分为对等型、代理型和服务器型三种[23]。

在对等型结构里,每个组成员节点都是平等的,动态变化且完全分布。节点之间通过一定的算法、协议自组织成控制网络和数据转发树。每个节点仅维护自身参与组的状态信息,所有组播相关功能以软件实体形态集成于参与组播会话的节点中,每个节点完成相同的工作。

在基于对等型结构的应用层组播网络中,终端主机只是逻辑上相连(在网络层),没有得到 ISP 的任何支持,它要求终端主机同时和其他多个终端相连。著名的 P2P 文件共享系统 Gnutella 和基于终端主机的 Internet 组播都属于这类网络。有两个问题限制了这类网络的应用,即终端节点的低接入带宽和较大的"最后一英里"传输延迟。大多数终端主机使用 Modem、DSL 或者拨号等低带宽的接入方式接入 Internet,仅有少部分主机有 10/100Mbps 的接入带宽(随着宽带的普及,这一情况正在得到改善)。此外,由于终端节点随时可能被打开或者关闭,所以这类应用层组播网络是动态变化的,不能提供非常可靠的服务。

代理型是一种基于固定节点配置的应用层式组播技术,一般由增值服务提供商根据一定策略在 Internet 的某些位置部署应用层代理节点。代理节点之间的数据传输路径和传输方式也由增值服务商预先确定,终端主机通过接入距自身最近的代理节点获取数据。从某种程度上来看,代理节点类似于组播路由器。增值服务提供商通过和 ISP 签订服务等级协议(service level agreement,SLA)使应用层服务节点之间的应用层链路的 QoS 得到一定的保证。这类应用层组播网络的优点是能够提供可靠的服务,缺点是由于应用层组播服务节点在搭建应用层组播网的时候就已经固定下来,增加或减少服务节点比较麻烦,所以网络灵活性比较差。

服务器型介于对等型和代理型之间。转发树的主干由一些负载较大的服务器构成,不同于代理类型,这些服务器不一定来源于 ISP,可能是作为普通用户加入的、性能较高的网络终端主机。在服务器型和代理型应用层组播中存在一些节点,其性能相对较高,所以基于这些节点构建的转发树也比较稳定,可支持规模相对较大的应用层组播服务。

在这三种结构中,服务器型结构具有以下优点:

(1) 由服务器作为代理参与转发树的构建能够保证较高的组播服务质量,避免低端用户可能带来的性能瓶颈。

(2) 即使客户端以固定的速率和数据格式发送组播数据,它所连接的服务器沿转发树分发数据,同组的服务器接收到数据后,也可以动态地调整数据发送速率,分配带宽或将组播数据转换为不同的格式以满足不同接收者的需求。

(3) 与对等型结构和代理型结构相比,服务器型结构不仅克服了 ISP 代理节点缺乏灵活性的弊端,也兼顾了稳定性,网络控制开销小。

1.2.2 图像增强方法

图像增强一般指改变像素点的取值,改善图像的视觉效果,使之更适合于人眼视觉系统或便于后续处理。按照要增强信息的不同,增强方法也多种多样,在本书中,主要针对煤矿井下的图像进行增强处理。如前所述,煤矿井下的图像特点主要在于低照度和光照不均匀,并且考虑到矿井下的环境图像色彩信息不明显,所以,增强时考虑的是增强像素的亮度值。

1. 基于灰度变换的增强方法

对于低照度下的图像,传统的增强方法主要是灰度变换,如基于对数变换的增强方法、基于直方图均衡化的增强方法。这类方法的关键在于变换函数的确定,如基于对数变换是对灰度级进行对数变换,而基于直方图均衡化的方法是求灰度级的累积分布函数。在这类方法中,基于直方图均衡化的增强方法应用更广泛,主要是通过采用灰度级的累积分布函数变换,使图像变成一幅具有均匀概率分布的新图像。大多数自然图像由于其灰度分布集中在较窄的区间,使得图像细节不够清晰。采用直方图均衡化后可使图像的灰度间距拉开或使灰度均匀分布,从而增大反差,使图像更加清晰,达到增强的目的,而且方法简单。但直方图均衡化对灰度呈现两端分布,同时对在图像的低灰度区域有较多像素点的图像进行处理后,得不到满意的效果,表现为处理后图像的亮度过度提升,而整幅图像的灰度动态范围没有有效提升,达不到突出图像细节的目的[24]。

2. 基于小波变换的增强方法

随着小波理论的发展,小波分析以其多分辨率特性、去相关性及对点奇异分片光滑函数的最优逼近性等特点成功运用于图像处理领域。基于小波变换的图像增强算法的一般思想是通过合理地构造线性或者非线性变换函数,有选择地改变小波系数以提高图像某些区域的对比度,从而改善图像的视觉效果[25,26]。但是基于小波的增强方法并不太适合于检测各向异性的图像元素,而且小波增强会平滑掉图像的部分细节[27]。

3. 基于曲波变换的增强方法

Candes 在小波基础上,于 1999 年提出一种特别适合于表示各向异性的多尺度分析方法——曲波(curvelet)变换,其基函数具有各向异性和多方向性等良好特性,能有效处理高维函数,可很好地逼近图像中的奇异曲线。由于曲波变换能用极少的非零系数精确表达图像边缘,因此可以在保证较低的均方误差基础上,达到较理想的图像数据的精简性与精确性的平衡。当前存在的曲波和脊波理论认为,在一定的图像重构问题上,基于曲波变换的图像处理方法优于小波变换的方法[28~30]。

4. 基于模糊理论的增强方法

由于人类视觉系统感知信息时具有模糊性,而模糊集理论在分析诸如判断、感知及辨识等人类系统的各种行为时是一种有效的工具,因此,模糊理论被广泛地应用于图像增强算法中,并取得了较好的效果[31]。传统的模糊增强算法通过一个非线性变换将图像数据模糊化,在模糊域对于像素的隶属度通过迭代运算进行处理,然后将处理后的数据逆变换回空间域,实现图像的增强[32]。许多学者对于模糊增强的几个关键环节做了相关的研究[33~37],为改善增强效果或提高运算速度,提出多种隶属函数以及对隶属度的变换处理函数,或对其中函数的参数进行不同的设定,算法各有千秋,但处理的目的都集中在提高图像的对比度,即高灰度更高、低灰度更低,极限迭代的结果就是一幅二值图像。

5. 基于Retinex理论的增强方法

Retinex这个词本身就是视网膜retina和大脑皮层cortex两个词组合构成的。Retinex理论主要包含了两个方面的内容：物体的颜色是由物体对长波、中波和短波光线的反射能力决定的，而不是由反射光强度的绝对值决定的；物体的色彩不受光照非均性的影响，具有一致性。在Retinex模型中，图像由两部分组成：一部分是场景中物体的光亮亮度，对应于图像的低频部分；另一部分是场景中物体的反射亮度，对应于图像的高频部分。通常它们也被称为亮度图像和反射图像。因此，如果从给定的图像中分离出亮度图像和反射图像，在颜色恒定的条件下，就可通过改变亮度图像和反射图像在原图像中的比例来达到增强图像的目的。但是从原图像中计算亮度图像在数学上是一个奇异问题，现有的文献中有很多不同的算法来解决这个问题，如单尺度Retinex(single scale Retinex)算法[38]、多尺度Retinex(multiscale Retinex)算法[39~41]、McCann's Retinex算法[42]等。这些经典的Retinex算法实质上都是通过对原图像进行某种高斯平滑来提取亮度图像，并且都是通过复杂的计算使得提取的亮度图像尽量准确。

除了以上几类增强方法以外，还有一些其他的方法，如基于形态学的、基于微粒群的、基于粗糙集的、基于人类视觉机制的等，不同的方法有各自优势，也有不足之处，共同的一点就是没有哪种方法适用于所有情况。本书针对照度低、分布不均匀的煤矿井下视频图像，寻求有效、实时的增强方法，在一定程度上改善视频图像的质量，为后期的监视监控图像进行视觉质量的提升。

1.2.3 视频数据差错控制方法

当前，大部分视频标准都采用了基于宏块的帧间预测和运动补偿技术。即采用运动预测和运动补偿消除时间冗余；采用变换编码消除空间冗余；通过对色度空间的转换消除色度空间的冗余。同时，对变换系数进行量化，再对量化后的非零系数进行变长编码或者是熵编码，以减少统计意义上的冗余，最后获得压缩后的比特流[43,44]。这些编码方法减少了大量的冗余信息，但同时也在压缩码流中不同部分的视频数据之间形成了很强的解码依赖性。由此产生的直接后果是：因网络传输差错造成的部分数据包丢失或损坏会导致另外一些与之相关的视频数据，即使被正确接收也无法使用。

编码以后的视频码流对误码特别敏感，误码会导致恢复图像质量的急剧下降，引起整帧图像、甚至后续图像的不可恢复，最终导致视频通信的中断。研究表明，3%的MPEG数据包丢失可能导致30%的数据帧无法解码。由此可见，编码后的视频数据对抗差错的能力十分脆弱，必须采用适当的技术措施来减小或消除信道传输差错。

当前视频传输中的差错控制技术从使用的位置和方式上可以分成四类[44,45]。

（1）传输层和应用层差错控制，包括信道编码器、打包器以及传输协议，主要采用的形式为前向纠错和自动重传。

（2）编码器差错复原编码，即在编码时引入一定的编码冗余，通过改进码流的结构，使其对潜在的差错具有差错复原性，以利于接收端检测差错和恢复数据。主要采用的形式有差错弹性编码等，在Internet环境下，最典型的方法是多描述编码（MDC）。

（3）解码器差错检测和差错隐藏，即从先前接收到的无差错视频信息中提取有用信息，如图像的空间或时间相关性来近似地恢复丢失或出错的数据，以消除或减少信道差错对视频质量的影响。

（4）信源编码器和解码器之间交互作用的控制方式，使得发送端能够根据解码端的反馈信息修改编码参数。

在矿井视频信息传输中，考虑到系统的特点和数字视频信息传输的实时性，在发送和接收端不可能存在反馈信道，因此需要反馈信道的自动重传和交互作用的差错控制不适合于矿井环境下的应用。同时，考虑到提高网络传输效率和矿井数字视频编码设备普适性的问题，编码器差错复原编码也不适用。因此，本书着重考虑应用层差错控制技术，包括前向纠错技术和差错隐藏技术。

1. 前向纠错技术

根据香农的信息理论，当信息发送率小于信道容量时，就存在某种编码，用以纠正信道中发生的某些错误，提高系统的可靠性。通过信道编码，对数码流进行相应的处理，使系统具有一定的纠错能力和抗干扰能力，可极大地避免码流传送中误码的发生[46]。

纠错编码的基本原理是在待传输的信息序列后，按一定的规则增加一些用以实现检错、纠错的冗余监督码元，构成一个码字，再送入信道传输；在接收端则按同样的规则检测所接收的码组，实现检错和纠错的功能。各种纠错编码方案都是在原有信息比特的基础上增加一些冗余比特，根据冗余比特与信息比特的关系来发现和纠正传输错误。因此，编码后要多传这些冗余信息，增加了系统带宽，是牺牲一定的有效性来换取系统的可靠性。纠错码的性能取决于码的纠错能力、译码算法及所用的差错控制方式。

前向纠错码的码字是具有一定纠错能力的码型，它在接收端解码后，不仅可以发现错误，而且能够判断错误码元所在的位置并自动纠错。这种纠错码信息不需要储存，不需要反馈，实时性好。

一般来说，对数据进行传输时，在发端先对数据进行FEC编码，然后再进行交织处理。在收端次序和发端相反,先做去交织处理完成误差分散,再 FEC 解码实现数据纠错,交织不会增加信道的数据码元[47]。

2. 差错隐藏技术

差错隐藏技术主要是利用已经接收到且与差错像素位置存在相关性的像素来对差错像素进行预测估计,进而可以重建受损的图像[48]。与前向纠错技术不同的是,差错隐藏技术是利用已经到达解码端的像素点与发生误码的像素点之间空间域和时间域存在的相关性,把差错像素点预估出来,从而重建受损像素点的技术。在视频通信系统中,不需要前端编码器对有效视频码流的结构做出特定的改变,避免了编码复杂度的增加并保证了传输过程中的实时性,只需要在视频通信系统的解码端加入差错隐藏模块,就可以降低视频通信中差错对解码效果的影响,而且具有很强的通用性和可移植性,因而受到研究人员的重视,具有重要的现实意义。

常用的差错隐藏技术可以分成时域差错隐藏、空域差错隐藏、时空域自适应结合的差错隐藏技术。

1) 时域差错隐藏技术

时域差错隐藏算法是利用视频序列在时间上的相关性,即受损帧前后时刻的帧与受损帧存在的运动矢量(motion vector,MV)来对受损块进行估计,用预测得到的运动补偿块来对受损块进行重建。时域差错隐藏算法是以受损块相邻时刻的对应块作为参考,补偿相应的运动矢量得到受损块的预测块,但当受损块运动比较剧烈时,很可能相邻时刻就不能作为参考,预测的准确度会下降,隐藏效果不理想,因此时域差错隐藏算法适用于受损块运动不是很剧烈的场合。

近年来,时域差错隐藏算法取得比较多的研究成果,如零运动矢量法、利用参考帧中对应宏块预测法、相邻对应宏块的均值预测法、相邻对应宏块的中值预测法等[49]。另外利用空间上的平滑特性来估计受损宏块以及参考宏块间的运动矢量的边界匹配算法[50](boundary matching algorithm,BMA)可以得到更准确的运动矢量。但是边界匹配算法在差错隐藏的过程中存在着边缘匹配的局限性,有学者提出边框匹配算法[51],利用受损块的相邻帧中的对应宏块之间运动的一致性来对受损块的运动向量进行估计,可以克服边界匹配算法的局限性,但是计算量比较大。

2) 空域差错隐藏技术

图像帧中像素与周围像素间存在一定的空间相关性,通过分析周围像素可以预测出受损宏块的像素。空域差错隐藏算法就是利用序列图像帧的空间平滑特性,通过受损块所在帧周围块的相关性来预测受损块实现重建受损块。当图像帧中运动矢量不存在或者受损块运动比较剧烈的时候,采用空域差错隐藏算法可以取得比较好的效果。

Wang 等提出了最大平滑恢复准则[46],实现通过周围像素来进行差错隐藏。此外,常用的空域差错隐藏算法主要有 Sun 等提出的凸集投影(projection onto convex sets,POCS)[47],迭代次数多时图像恢复效果很好,但是运算量很大。双线性内插法也是一种比较常用的方法,但是当受损宏块区域存在图像物体边缘或物体纹理的区域时就会引起模糊的块效应[48]。为此,Suh 等提出了沿着边缘方向进行插值的方向插值算法。多边缘方向插值算法主要是为了可以估计受损宏块的多条边缘,由 Kwok 等提出,通过 Sobel 算子搜索穿过受损块的强边缘,并沿着搜索到的多条边缘实施多方向插值[49]。Ma 等提出对受损块的边缘实行粗糙检测,从而降低边缘检测过程的运算复杂度[50]。

3) 时空域结合的差错隐藏算法

通常情况下,当视频序列的运动度不是很剧烈或运动基本趋于平稳的时候,时域差错隐藏的性能就会明显比空域差错隐藏的性能好,可以取得比较好的恢复效果,包括对于受损区域图像的细节部分内容也可以很好地恢复。相反地,如果视频图像的受损区域运动比较剧烈的时候,就可能会出现受损块的内容根本就不在参考的图像帧中或者出现了别的物体,这时如果对受损块采用时域差错隐藏,就会得不到很好的参考信息,从而隐藏效果不好甚至失败。而这种情况下,空域差错隐藏效果就会比时域差错隐藏的效果好。因此,将时域算法和空域算法结合起来根据图像内容自适应的情况选择相应的算法进行差错隐藏是现在研究的重点。

如何根据图像内容来选择时域或者空域算法关键在于判断受损宏块是否处于剧烈运动中,如果受损宏块处于剧烈运动变化中,采用空域算法,否则采用时域算法进行隐藏。而运动是否剧烈可以通过判断参考帧中受损宏块对应的参考块,是否在当前图像帧没有块或者像素,如果是则运动比较剧烈,否则运动比较平缓。

视频序列编码的过程中会根据当前块是否剧烈运动来选择编码的模式,基于这个特点,文献[51]提出根据编码模式来决定受损块的差错隐藏方式,如果受损块周围邻域内无误码的宏块的编码模式大多是帧内编码时,判定受损宏块时间上的相关性比较弱,采用空域隐藏方式可以取得比较好的效果;相反,如果大多数相邻宏块的编码模式是帧间编码,就采用时域隐藏方式进行隐藏[52]。该方法是基于受损宏块相邻块都可以正确接收的情况下进行的,当受损的宏块周围也存在比较严重的丢失,那么该方法判断的准确性就会大大降低。针对该问题,研究人员提出改进方法:先对受损块进行时域差错隐藏得到受损块的运动补偿块,然后计算受损宏块的空间运动度和时间运动度,当受损块的空间运动度小于其时间运动度时,采用空域算法对受损块进行差错隐藏,否则采用时域差错隐藏算法[53]。该方法在计算受损块的空间和时间运动度时,需要处理受损宏块相邻的 8 个宏块的像素数据,运算复杂度比较高,不适用于实时视频通信系统。研究人员也提出对受损块进行时域差错隐藏后,根据运动补偿块与受损块的边界匹配误差值的大小来选择是否要继续进行空域差错隐藏,当边界匹配误差大于设定的阈值时,再对受损块进行空域隐藏[54]。

1.2.4 数字视频信息处理系统

煤矿数字视频监控系统是矿井安全生产监控的一个有机组成部分。随着实时数字视频编码技术和煤矿高速信息网络传输平台的铺设,实时数字视频监控系统在矿井安全生产监控中以其可视化操作和形象直观等优点得到大量应用。数字视频监控系统中实时编码设备将现场摄像仪的模拟信号进行采集和数字化处理,转化为数字流在网络中传输。网络中任何一台计算机通过授权,即可观看图像。与传统的模拟图像采集及传输相比,图像品质好,稳定性高,并且网络带宽可复用,节省系统成本。

图像识别和处理技术在煤矿数字视频监控中也得到了应用。煤矿智能识别处理是在已有的安全生产环境下,对现有数字视频监控系统加强"监、管、控"的能力,使摄像头智能识别分析行为轨迹和运动方向,并将多个摄像头进行联动观察,快速判断事件发生位置和周边环境情况,为决策者提供有力的真实数据支撑。当有事件发生时,将人、物、事通过摄像头进行关联,将事件发生地及周边信息自动显示在屏幕上,不但可以为本地部门提供现场指挥视频内容,而且还可以通过网络传送到局、矿的调度室中,让总决策者远程观察、控制视频内容。

煤矿视频监控系统的发展经历了三个阶段[55]。在 20 世纪 90 年代初以前,主要是以模拟设备为主的闭路电视监控系统,称为第一代模拟监控系统。20 世纪 90 年代中期,利用计算机的多媒体技术来实现监控,称为第二代数字化本地视频监控系统。20 世纪 90 年代末以来,以网络为依托,以数字视频的压缩、传输、存储和播放为核心,以实用的智能图像分析为特色,引发了视频监控行业的技术革命,视频监控步入了全数字化时代,是视频图像监控的最新技术,称为第三代远程视频监控系统。

第三代远程视频监控系统是以数字视频处理技术为核心,综合利用光电传感器、数字化图像处理、嵌入式计算机系统、数据传输网络、自动控制和人工智能等技术的一种新型监控系统。远程数字视频监控系统不仅具有本地数字监控系统所具有的计算机快速处理能力、数字信息抗干扰能力,便于快速查询记录,视频图像清晰及单机显示多路图像等优点,而且依托网络,真正发挥了宽带网络的优势。通过 IP 网络,把监控中心和网络可以到达的任何地方的监控目标组合成一个系统,适应了当前管理数字化、网络化和智能化的发展趋势。

在监控领域中，数字化和网络化是一种发展趋势。监控系统从最初的模拟监控系统发展到基于 PC 多媒体卡的数字监控系统，解决了视频质量和数据存储的问题，大量的局部监控系统得以建立。但网络带宽的不足和音视频编解码技术的限制，使得网络化的数字监控系统发展缓慢。随着宽带网络的迅速普及和多媒体及 Internet 技术的发展，特别是矿井宽带工业以太网络和视频高效编码压缩技术的逐步成熟，网络化的数字监控系统进入大规模的现场应用阶段。

1.3　本书的主要工作和内容安排

本书结合矿井综合自动化系统中信息化技术的发展现状，研究矿井数字视频信息系统的关键技术问题。在研究过程中，围绕矿井生产系统和信息系统的特点，充分考虑了矿井特殊的设备运行环境和系统结构，在矿井综合自动化系统结构和工作模式的基础上，从矿井数字视频信息传输机制、矿井低照度图像增强方法和矿井高丢包网络环境下视频数据差错控制方法三方面展开研究，研究成果可为矿井数字视频信息（监控）系统的建设提供理论基础和设计依据。

本书内容安排如下。

第1章：分析研究工作的背景和意义，并介绍了当前矿井数字视频信息处理的技术现状，其中比较了数字视频信息的传输控制基础，对应用层组播模式在矿井数字视频信息传输中的优势进行了分析。然后，考察了图像增强方法及其基本原理，分析了矿井数字视频信息中图像增强的必要性。针对于视频数据差错控制方法，考察当前差错控制方法的异同，考虑到矿井数字视频信息传输的特点和系统工作原理限制，主要分析了前向纠错技术和差错隐藏技术。

第2章：首先，根据煤矿信息化和自动化建设目标，对当前矿井工业以太网的技术进行了分析，并比较了工业以太网和商用以太网的区别。然后，分析了矿井工业以太网传输信源的特点和数字通信的基本特征，结合前期的理论分析，选用应用层组播技术为矿井数字视频信息的传输控制机制，并详细分析了应用层组播技术的节点组织和拓扑控制方法等关键技术。最后，基于分层应用层组播网络基础架构，提出了免疫算法的分层应用层组播树构建方法，并进行了仿真实验。在算法中，利用网络成员节点间延时和节点度作为约束条件，采用免疫算法完成组播岛的划分、组播服务节点 MSNs 的最优选取，结果表明采用免疫算法进行组播服务节点的选取不仅有效可行，而且比采用传统的遗传算法具有更快的收敛速度和更高的搜索能力。

第3章：针对图像增强技术以及模糊理论图像增强技术在矿井图像处理中的研究，分析了经典模糊理论的优缺点，比较了模糊图像增强算法及其改进算法。以煤矿图像为研究背景,针对煤矿图像的特点以及应用的目的意义,以小波为工具分解图像,对图像高频信息应用构造的模糊隶属度和增强算子进行模糊处理,低频信息应用直方图均衡处理,实现图像重构,仿真结果表明取得了较好的效果。

第4章:首先分析了视频数据的差错控制技术,然后根据矿井网络结构特点,提出了基于应用层前向纠错的视频传输控制方案,基于RS码的前向纠错和交织保护算法,采用了一种适于H.264视频通信的、具有交织保护能力的RTP载荷结构和传输参数控制策略。

第5章:针对解码端可利用受损块与相邻参考块的相关性重建受损块的特点,主要研究矿井高丢包网络环境下视频数据差错隐藏方法。分别研究了时域差错隐藏技术、空域差错隐藏技术以及视域的差错隐藏技术。并基于以上技术,分析了多视点视频的差错隐藏的基本模式和技术。

第 2 章　矿井数字视频组播网络研究

在矿井综合自动化系统中,通过集成各个设备自动化控制系统和监测监控系统,构建了基于网络的大型开放式综合控制系统平台,整合各设备自动化子系统资源,实现了异构条件下的信息联通与共享。数字视频信息由于其不间断性、流量大的特点,在实际应用中对矿井网络资源占用较大。本章通过分析矿井网络中监测监控数据流的特点,结合应用层组播原理,研究适合矿井环境应用的数字视频信息传输机制。

2.1　基于工业以太网的矿井综合信息传输技术

《煤矿总工程师技术手册》中提出,煤矿信息化建设和煤矿生产自动化建设的目标是最终构建煤矿信息化的三个"统一平台",包括以矿井工业以太环网为基础的"统一的高速信息传输平台"、以海量监测监控数据挖掘和信息融合为基础的"统一的软件集成平台"、以智能数据处理和联动为基础的"统一的技术管理平台"。其中矿井工业以太网为井下检测监控数据提供了共享的信息传输物理平台,为异构条件下的信息联通与共享提供了可能[57]。

2.1.1　矿井工业以太网技术分析

计算机网络技术的飞速发展,带动了工业控制系统技术水平的快速提高,工业以太网(Ethernet)技术将取代传统的分散控制系统(DCS)中通信网络的各种专利协议,结合矿井现场总线技术,使矿井过程控制领域的自动化装置由 DCS 向共享型 FCS(现场总线控制系统)过渡。工业以太网在技术上与商用以太网(即 IEEE802.3 标准)兼容,但产品的强度、适用性以及实时性等方面能满足工业现场的需要,因此,工业以太网是将以太网应用于工业控制和管理的局域网技术。针对早期以太网存在不确定性和实时性能欠佳的问题,工业以太网已通过智能交换机的使用、主动切换功能的实现、优先权的引入等,使问题得到了解决,并通过提高数据传输速率、网络拓扑结构选择、设置服务质量(QoS)等,保证数据传输的准确性和实时性。

1. 以太网和 TCP/IP 协议族

在 OSI/ISO 七层协议中,以太网本身只定义了物理层和数据链路层,作为一套完整的网络传输协议,必须具有高层控制协议,以太网使用了 TCP/IP 协议族: ICMP(Internet control message protocol)用来对以太网中的传输状态进行监测和控制、IP(Internet protocol)用来确定信息传递路线、TCP(transmission control protocol)用来保证传输的可靠性、UDP(user datagram protocol)用来快速传输数据,虽然 TCP/IP 并不是专为以太网而设计的,但实际上它们现在已经不可分离。

随着 Internet 的迅猛发展,以太网已成为事实上的工业标准,TCP/IP 简单实用,为广大用户所接受。以太网不仅在办公自动化领域内成熟应用,而且在各个企业的管理网络也都广泛使用。在现场总线协议中,为提高传输效率,一般只定义七层协议中的物理层、数据链路层和应用层。为与以太网融合,通常在数据包前加入 IP 地址,并通过 TCP 来进行数据传递。

2. 以太网交换技术

交换技术的快速发展已经消除了以太网应用于控制领域的障碍。交换式以太网技术产生于 1992 年。这项技术使得多个网上设备之间同时进行通信时不会有冲突发生。通过把网络用交换器分割成互不相连的几个网段,每个设备独占一个网段,从而大大降低冲突的可能性。其系统结构如图 2-1 所示。

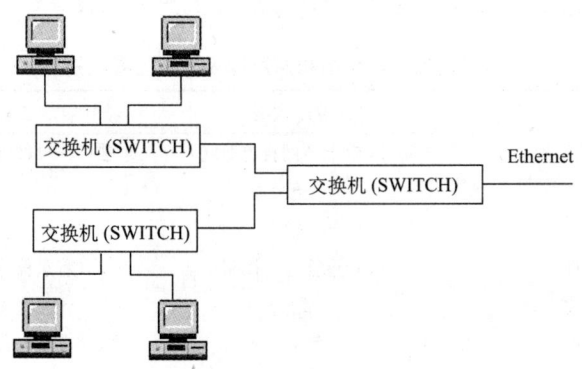

图 2-1 应用交换技术的工业以太网结构

以太网不仅能建立一个高效、开放、有确定性的现场总线系统,而且在局域网上获得广泛应用,所以它在控制层的应用可以使"从会议室到传感器"都集成起来。现在还可以利用交换技术将通信变为全双工,这些都为以太网进入工业控制领域铺平了道路。

3. 工业以太网环冗余技术

工作环境恶劣,网络意外断裂的可能较大。出于对煤矿安全生产的需要,对网络可靠性的要求很高,需要信息传输网络能够提供链路冗余。环形以太网结构的出现在很大程度上解决了以太网的容错问题,提高了以太网的可靠性。环形网络构造了一个简单环,从而保证了在某条链路意外损坏时数据仍然可以通过备用链路传输。在交换式以太网中,冗余的管理能够实现很高的网络可用性,交换式高速以太网启用环冗余的时间少于 300ms,也就是说,一条链路出错后,网络可以在 300ms 以内重新可用。

4. 链路聚合技术

链路聚合技术可以在不改变现有网络设备以及原有布线的条件下,使用专用的软件或软硬件结合的产品,把多条交换机到服务器或交换机到交换机的数据通道捆绑起来,形成一条逻辑上的高带宽数据链路,满足高带宽应用的需要,同时还可以增加网络的负载均衡能力以及容错性,极大地提高整个系统的性能。当聚合链路中一条或几条(不是全部)意外损坏时,数据仍然可通过剩余的物理链路传输。

5. 工业以太网与商用以太网的区别

工业以太网与商用以太网的应用场合不同,应用目的也不同,这就造成了工业以太网和商用以太网追求的目标不一样,二者主要区别见表 2-1。

表 2-1 工业以太网和商用以太网的主要区别

项目	商业以太网	工业以太网
冗余能力	弱(1s 以上环网自愈时间)	强(50~300ms 环网自愈时间)
可靠性	一般	高
实时性	一般	高
技术先进性	高(着重管理与控制)	高(着重保障可靠与实时性)
包交换能力	高	高
扩展灵活性	较高	高(拥有丰富种类接口方便扩展)
带宽利用率	较高	高
价格	低	较高

2.1.2 基于工业以太网的综合信息网络平台结构模式

根据以上分析和要求,结合最先进的计算机网络技术,煤矿综合信息网络平台采用

"设备层+工业以太冗余环网+Intranet 管理网络"的三层结构模式,如图 2-2 所示。

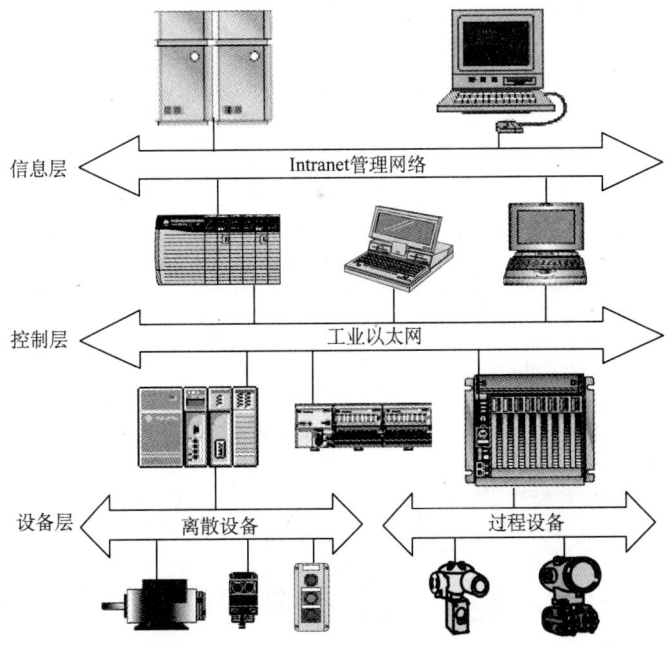

图 2-2 三层网络结构示意图

在设备层,采用具有接口的设备,将底层的设备直接连接到煤矿井下的各种控制器上,可以降低成本、减少布线、方便安装,并可实现快速故障诊断;在控制层,将 I/O 网络的功能和对等信息传输网络结合起来,实现 I/O 控制、闭锁和报文传送,保证了信息的实时性和确定性;在信息层,采用 Ethernet,通过 TCP/IP 协议,将可编程控制器、网关、人机接口和控制软件,连接至企业的信息系统。利用计算机系统,通过以太网访问井下各个传感器的数据。

工业以太网技术,支持环形冗余、链路聚集,能最大限度地保证煤矿井下数据信息传输的可靠性和实时性。基于防爆工业以太环网的煤矿综合自动化及信息化高速网络平台实际应用结构如图 2-3 所示。

2.1.3 矿井工业以太网中的数字信源分析

煤矿安全生产监控系统是集检测、通信、电子、自动化、计算机等技术于一体的监控系统。它通过检测煤矿一系列环境参数、生产参数、电量参数、人员信息、视频图像等信息,实现必要的报警及控制,为安全生产决策提供技术保障。因此,在矿井工业以太网中传输的数字信源主要包括离散数据和连续音视频数据[57]。

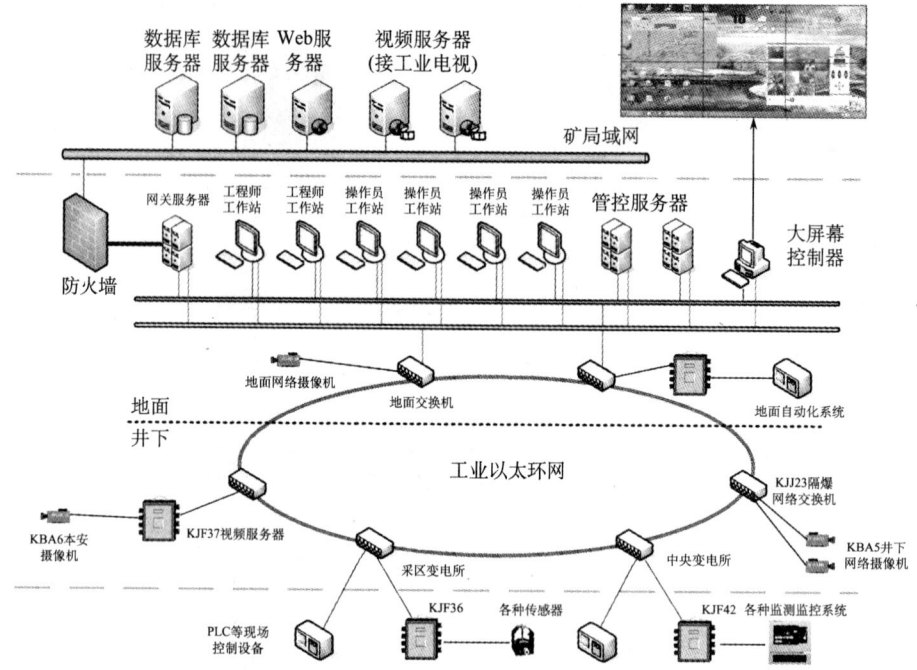

图 2-3 基于防爆工业以太环网的煤矿综合自动化及信息化高速网络平台

1. 离散数据

井下数据主要来源于各种监测监控系统和传感器,其数据传输速率大多小于9600bps。地面向井下发送的是控制命令即下行信号,下行信号数据流量小,但要求准确可靠;井下向地面发送的是监测信号即上行信号,上行信号数据流量相对要大。由于数据信号传输速率低,在实际应用中,先利用井下分站汇接在一起,然后通过矿井工业以太网络平台传输。

2. 音视频数据

随着高产高效矿井的建设,井下数字视频监控越来越普遍,对视频图像通信的需求也越来越迫切。井下模拟图像通过数字化压缩技术,每路可以压缩至1Mbps以下,视频信源目前使用只有单向的上行传输信号。音频信源主要来自于生产调度电话、无线移动通信、扩音电话、救灾通信等,语音通信能够实现井上/井下双向交互。

2.1.4 矿井工业以太网中数字通信的基本特征

根据矿井监测监控系统的特点,其数字通信的特征包括:

(1) 矿井工业以太网中信息流向是不均匀的,大量的信息是上行信息,而下行信息相对较少。信息传输应该遵守的原则是:下行信息优先,上行数据信息优先于视频、语音信息。因此,矿井综合业务服务实际上是一种不对称服务,网络结构和信息流向控制也应该具有不对称性,才能充分发挥工业以太网的潜力,更好地满足煤矿应用的需要。

(2) 煤矿生产环境的特殊性、生产事故等意外事件的突发性,要求矿井工业以太网能适应移动和随机接入的需要。当有一些特殊事件要处理时,一些临时随机点、离散点的信息应能随时接入网络。

(3) 各种信息源的信息速率跨度大。有些被监测量变化很缓慢,一天只需测几个数据;数字化音频信号速率在 6kbps 到 64kbps 之间;数字化的视频信息,速率可达到 1Mbps。为提高网络传输效率,网络对各种不同速率信息的适配能力要强,应能灵活分配和复用信道,充分保证不同速率数据传输的可靠性和实时性。

2.2 矿井工业以太网中数字视频信息传输特点分析

在矿井工业以太网中,实时数字视频流传输用 UDP 实现,由于 UDP 没有流量和拥塞控制机制,不能对网络状况做出反应,带有一定的带宽侵占性,因此,直接将 UDP 应用到网络视频流的传输,容易造成网络中 TCP 控制数据流带宽的"饿死",产生网络传输中断,不仅影响视频终端的监视效果,而且对矿井其他检测监控系统的数据可靠传输产生重大影响。因此,在矿井数字视频信息传输过程中,对流媒体的网络传输数据应用合适的传输和控制机制非常重要[56]。

在传统单播机制下,每一个接收端与视频服务器的连接都是点对点的通信模式,需要为每一个连接的客户端建立传输通道,使得网络中有大量的冗余数据包,视频数据的传输效率低。当由多个接收端同时接收同一路图像时,需要建立多个数据通道,进行多次数据复制,大量相同的数据包在网络上传,网络传输效率低,存在大量冗余信息。因此,当多个客户端同时访问一个视频编码器时,一方面图像传输所需带宽成倍增长,另一方面编码器的负荷也成倍增加,系统非常容易由于过热而产生编码不稳定。其传输结构如图 2-4 所示。

相对于一般的 IP 数据包,网络视频流占用带宽大且持续时间长,并且由于视频数据的空间和时间相关性强,因此对视频流的可靠传输有特殊的要求。通过分析发现,网络层组播由于对底层硬件设备的要求和协议管理困难在矿井现场的应用受到限制,应用层组播机制通过在应用层实现组播通信功能,可有效解决上述数字视频监控中的问题,保证视频图像的可靠传输。

在应用层组播中,通过设置流媒体服务器,在不改变网络拓扑结构和物理设备配置的基础上,缓解前端视频服务器的负载和避免网络带宽紧张而引起的网络阻塞。无论多少个接收端接收同一路图像时,控制编码器和流媒体服务器之间只有一路视频流量,从而保证视频流的可靠传输。其结构如图 2-5 所示。

网络中有 N 个客户端接收视频时,流媒体源通过发送端只需向网络中传输一个视频信息流,通过流媒体服务器,给不同的接收端发送复制视频数据包,无论有多少接收端,保证不同的链路只传输一个视频信息流,减少不必要的视频复制,节省网络带宽。

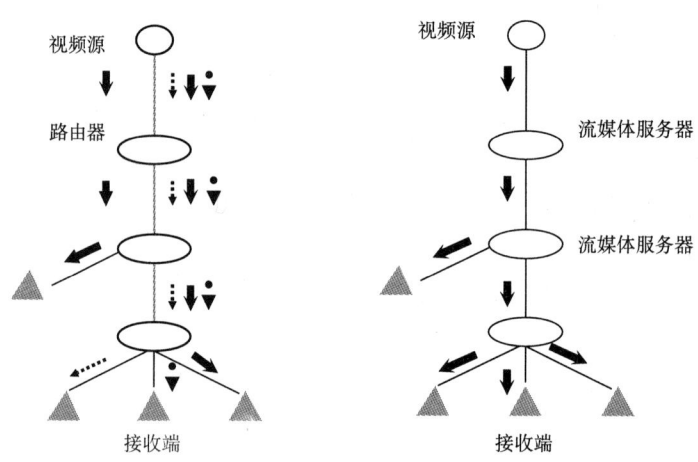

图 2-4　数字视频传输的单播机制　　图 2-5　应用层组播工作原理

2.3　应用层组播技术

应用层组播把组播的复制和转发功能放到应用层的端系统节点上,由端系统节点来构成组播树,而网络层及其以下的数据传输仍然采用传统 Internet 的"单播、尽力而为"的方法。

2.3.1　应用层组播性能标准

评价应用层组播的性能指标主要有平均延时、丢包率、吞吐量、抖动、链路压力、伸展度等,具体如下[58,59]。

平均延时(average end-to-end delay):数据流从数据源到接收者所经过的平均时间,是组播通信性能的一个重要评价指标。

丢包率(packet loss rate):所丢失数据包数量占所发送数据包的比率。

吞吐量(throughput):在没有帧丢失的情况下,设备能够接受的最大速率。

抖动(jitter):反映了数据流的流畅程度,频繁的抖动影响实时应用的质量,视频监控系统中,频繁的抖动使视频流断断续续,影响用户的观看质量。

链路压力(stress):每条物理链路上发送的重复报文次数,只统计最大的物理链路强度。

伸展度(stretch):平均每个组成员在覆盖网络中从源到目的地的距离和对应单播路径的距离之比。

覆盖网络下的应用层组播的任务是构建和维护一个逻辑上的数据转发树,通过该转发树使组播源发出的数据包到达每一个加入组播的成员,并且组播树建立的原则是数据传输效率高、延迟小,同一条物理链路上相同数据包要尽可能得少,即尽可能少地占用网络资源。图2-6比较了单播、IP组播和覆盖网络应用层组播的链路压力和伸展度。

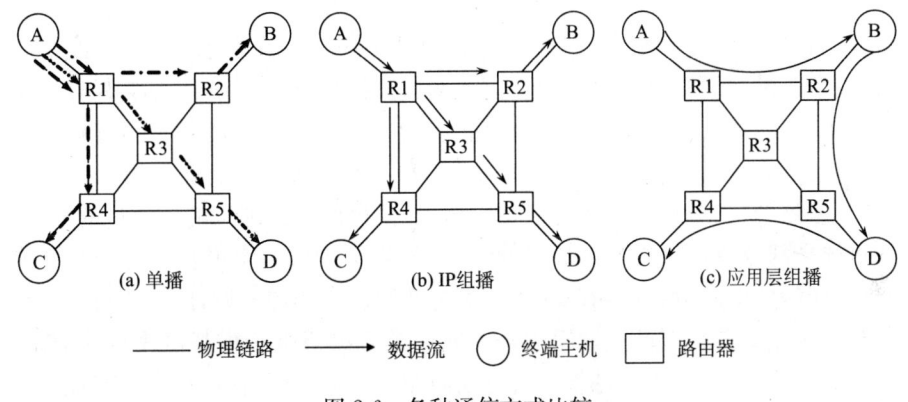

图2-6 各种通信方式比较

链路压力以一个数据包在同一段链路上被传输的次数为度量,描述数据在网络中传输时对链路资源的占用情况。对于图2-6所示的三种传输方式,从发送端A发送数据到所有的接收节点,如果只考虑物理链路上分组的数目,可以发现在单播、IP组播和应用层组播情况下物理链路上分组的数目分别是10、8、9。与单播相比,IP组播可以少占用20%的资源,应用层组播可以少占用10%。

伸展度描述了覆盖网络应用层组播路径相对单播最短路径的伸长情况,用来度量网络组播路由质量。对于图2-6(b)所示的IP组播网络中,各节点到组播源的组播路径均为单播的最短路径,因此各伸展度均为1。图2-6(c)所示的应用层组播网络中，A—B组播路径伸展度为1，A—D组播路径伸展度为1.5，A—C组播路径伸展度为3。IP组播的伸展度通常要比覆盖网络应用层组播伸展度小，因为覆盖网络的数据接收节点需要通过中间的数据转发节点加入组播树，获得数据，必然导致组播路径增大。

2.3.2 应用层组播节点的组织方式

组播节点的组织方法决定了节点之间的关系。覆盖网络应用层组播协议通常把组成员组织成两个逻辑拓扑：控制拓扑和数据拓扑。拓扑上的每条边都相当于一条单播链路，控制拓扑主要用来在端系统间周期性的交换控制信息来发现和恢复由于一些成员的非法离开造成的拓扑破坏。数据拓扑通常是控制拓扑的一个子集，主要用来表明数据包的传输路径。实际上，数据拓扑一般是一棵树形结构，而控制拓扑要求有更多的连接，则通常是一个网状拓扑结构。因此，根据构建控制拓扑和数据拓扑的顺序，可以将目前覆盖网络应用层组播协议的实现方法分为：网状拓扑优先方法(mesh-first based approach)、树状拓扑优先方法(tree-first based approach)以及隐式方法(hierarchical approach)三大类[55]。

在网状拓扑优先方法中，组成员首先自己组织成一个网状的拓扑，即控制拓扑，每两个成员之间有多条路径。在这个网状拓扑中，每一个成员都会保存这个组中其他所有成员的状态信息，而这个信息将会得到周期性的刷新。当有新成员加入时，此成员会从某一个集中点RP(rendezvou point，此点会保留所有已加入成员信息，只参与到控制拓扑，不参与数据的传输)获得所有已加入的组成员的列表，然后随机选择部分成员作为自己加入的邻接点，当至少有一个成员成为这个新成员的邻接点时，此新成员就成功加入了这个组播组。成功加入后，此新成员开始和它的所有邻接点交换状态信息。组中每个成员都会保留所有组其他成员的信息，当组成员发生改变时，改变信息将会通过控制拓扑传输到所有成员中，也增加了整个系统的健壮性。同时每个成员也会周期性地产生一个状态刷新消息来及时刷新自己所保留的所有成员状态信息。网状拓扑优先方法可靠性较高，但分发每个成员状态信息给其他所有的成员将会导致整个系统控制信息的系统开销增大。例如Narada协议作为网状拓扑优先方法，其数据传输拓扑实际上就是控制拓扑的生成树，使用距离向量使每个成员得到整个网络路由信息：成员间定时地交换路由信息(包括到每个其他成员的路由花费和相应的路由)，并且只和相邻成员交换这种信息[58]。

与网状拓扑优先方法不同的是，基于树状拓扑优先方法的覆盖网络应用层组播协议首先会建立起一个共享的数据传输树拓扑。然后，根据这个树状拓扑增加一些成员间的连接便可组成控制网状拓扑。此类比较有代表的协议有YOID[60]和

HMTP[61]。

在基于树状拓扑优先方法的覆盖网络中，组播协议创建一个共享的数据传输拓扑树，每个成员的任务就是找到适合于自己的数据传输树，为了使组播树达到更好的性能，对树的结构给出直接的限制，例如每个成员节点的度、邻接点的选择等。当有新成员需要加入时，其查询 RP 节点，得到已加入成员的信息，然后新成员通过这些信息找到合适的父节点。一个节点如果成为这个新成员的合适的父节点必须满足两个条件：如果选其做新成员的父节点，数据拓扑上将不会出现循环；选新成员做其子节点不会超过其度。如果新成员找到了多个合适的父节点，那么它将根据具体实际量度的要求来找出最合适的一个父节点。由于每个成员都会自己选择合适的度即子节点的个数，很有可能导致树的深度加深，使得数据传输出现比较长的传输路径。为了防止由于某个非叶节点的意外断开而使得整个数据传输树被分割，每个成员会在数据传输拓扑上随机选取一些非父节点添加到其他的连接，这样便组成了控制拓扑。基于树状拓扑优先方法的覆盖网络实现简单、维护开销小、扩展性好，但可靠性较差。

目前，对于隐式方法的覆盖网络还没有严格的定义，一种相对有代表性的是基于层次结构的覆盖网络。此方案将把所有的终端主机组织到一个层次拓扑结构中，所有的成员节点都以簇的形式组织到第零层，每个簇包含一组互相距离（根据不同的实际需要，距离可以定义不同，例如带宽、延时等）最近的点。每一个簇都会有一个中心（即图论中的中心，这个中心具有最小的到簇内其他点的最大距离），这个中心点非常重要，能保证新加入的成员在通过尽可能少的查询后找到合适自己的簇。将这个中心选出，让每个簇中的中心组成第一层。然后，对第一层的节点再次形成簇，其中心组成第三层，以此下去，最高层只有一个节点，形成层次结构的覆盖网络。归纳以上，可以简单地用以下几条性质来描述：

(1) 一个成员在每一层只能属于一个簇。
(2) 如果某个成员出现在了 L_i 层，那么它也一定出现在 L_{i-1} 层。
(3) 如果某成员没有出现在 L_i 层，那么它也不会出现在 L_j 层，$j>i$。
(4) 整个层次结构最多有 $\log_K N$ 层，且最高层只有一个成员。

对于隐式方法的覆盖网络，层次拓扑图最终将被用来定义控制拓扑和数据拓扑，其控制拓扑如图 2-7 所示。在控制拓扑中，每个簇中的每个成员都保留着其所属簇中的其他成员的状态信息，并且互相间周期性地交换这些状态信息，来确保所有成员能够快速地对成员变化做出反应，并能够对一些拓扑结构的破坏进行快速地修复。

为了避免数据循环传输，数据传输拓扑同样选择了树状结构。对于基于层次结构的覆盖网络协议来说，其特定数据源的数据传输路径已经在控制拓扑中隐式地定义了。因此，在控制拓扑上系统只需要决定哪些成员需要转发数据：首先，数

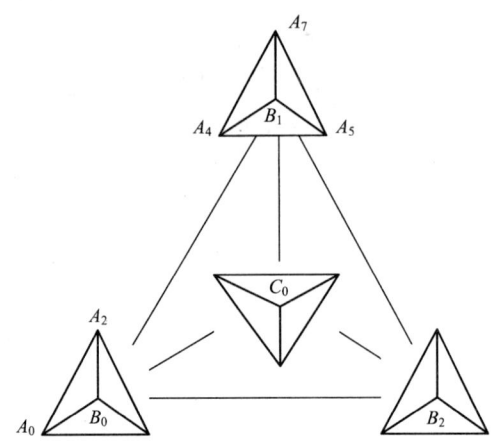

图 2-7 层次结构覆盖网络控制拓扑

据源会把数据包发向它在控制拓扑上的所有邻接点成员。然后,对于成员 h,假设其属于 L_i 层,接收来自成员 p 的数据包,那么 p、h 一定属于同一层 L_i 的同一簇。并且,只有当成员 h 是 C_k(C_k 表示 h 在 L_i 层所属的簇)的中心点时,才需要把数据包转发给 C_k 的其他所有成员。

不同的应用层组播协议有着不同的特性,这使得它们能够适应不同实际应用的要求。表 2-2 给出了三种覆盖网络结构的比较。

表 2-2 覆盖网络应用层组播协议比较[27]

名称	数据传输拓扑	最大传输路径长度	(树)度的最大值	平均控制信息的系统消耗	典型网络协议
基于网状拓扑优先	特定数据源	无上限	近似有限	$O(N)$	Narada
基于树状拓扑优先	共享	无上限	O(度的最大值)	O(度的最大值)	YOID/HMTP
隐式结构	特定数据源	$O(\log N)$	$O(k\log N)$	常量	NICE

在表 2-2 中给出了最大传输路径长度和(树)度的最大值的比较,因为这两个参数会影响到端系统接收数据的延迟和网络带宽的使用。数据传输路径长度越长说明端系统接收数据的延迟越大,而树的度值越大,网络带宽的使用就越多,也就是出现在邻近某个点的冗余数据传输越多,因此,对于理想的覆盖网络应用层组播协议,希望能达到尽可能小的传输路径长度和尽可能小的树的度。在基于树状拓扑优先的结构中,由于每个成员各自选择各自树的度。因此其最大的树的度存在一个上限。对于网状拓扑优先的结构,虽然在网状拓扑中为每个成员定义了出度,但是有时它仍然需要释放这个度的要求来允许新的成员快速加入,所以认为其最

大的树的度近似有限。对于平均控制信息的系统消耗,直接影响到了该协议是否对大组播组使用。由于Narada协议的每个成员需要与所有其他成员交换状态信息,所以其平均系统消耗为$O(N)$,与N成线性递增关系,可见对于N的增大,其系统开销线性增加。对于隐式结构,其平均系统开销则为常量。因为基于层次结构的组播协议中,对于控制拓扑,一个只属于L_0的主机将只会和$O(k)$个其他的主机交换控制信息。对于一个最高只属于L_i层的主机来说,它的控制信息系统消耗就应该是$O(k \times i)$,在最坏的情况下,最高层的中心会和$O(k\log N)$个邻点交换控制信息。对于一个最高只出现在L_i层的主机,其系统消耗就应改为$O(N \times k/k^i)$,因此按照分摊算法得到平均每个成员的系统消耗如下:

$$\frac{1}{N}\sum_{i=0}^{\log N}\frac{N}{k^i}k \times i = O(k) + O\left(\frac{\log N}{N}\right) + O\left(\frac{1}{N}\right) \Rightarrow O(k)$$

每个成员的系统消耗和N的增长无关,即随着N的增长并不会造成大量的控制信息系统开销[62]。

根据以上分析,可以归纳出覆盖网络应用层组播协议的特点:

(1) 网状拓扑优先协议对于小型的组播组比较有效。

(2) 树状拓扑优先适用于高带宽要求的数据传输,而不适用于延迟性要求严格的应用(因为其较长的数据传输路径)。

(3) 基于隐式方法的组播协议虽然对以上两个方面的缺点有所改进,例如基于层次结构的应用层组播协议,提供了对于大组播组的很好支持,以及对延迟敏感业务的适应,但是对于带宽要求高的业务并不太适用。

2.3.3 组播节点的维护

在覆盖网络应用层组播中,对组播节点的维护主要包括节点的加入、退出和"失效"节点的检测。节点的加入指新的节点发现组播组的存在、加入到组播组中。目前大部分算法都假设存在集中点RP,通过RP完成加入对组播节点的全局维护,但RP很容易成为系统的瓶颈。节点退出时需要发出退出组播组的通知,算法要对节点的组织进行调整。"失效"指节点没有发出退出组播组的通知但已无法正常工作。一般通过定期发送"更新"报文实现"失效"节点的检测。

2.3.4 流量控制和拥塞控制

流量控制和拥塞控制是IP组播研究中的重要问题。应用层在这方面还研究不多,可能思路包括[63]:

(1) 借鉴IP组播的研究经验和思路。

(2) 针对和 IP 组播的不同提出新的思路,例如可以使中间节点的功能更加复杂,提供相应的服务。

(3) 考虑媒体编码技术对于应用层组播算法的影响。

(4) 考虑和 TCP 流量的公平性问题。

2.4 基于免疫算法的分层应用层组播树构建

根据矿井工业以太网中数字视频信息传输特点,充分考虑网络负载均衡和数据传输的实时性、可靠性问题,本节利用网络成员节点间延时和节点度作为约束条件,采用免疫算法完成组播岛的划分、组播服务节点 MSNs 的最优选取,从而构建高效的覆盖网络应用层组播转发树。

2.4.1 免疫算法分析

1. 免疫算法的发展

生物免疫系统(immune system,IS)的复杂功能堪与大脑相比较,有"第二大脑"之称,但是最初免疫系统仅限于医学免疫学,并没有引起其他学科研究人员的注意。随着研究的深入,人们逐步发现免疫系统具有许多复杂的、对实际工程问题很有启发的功能,比如模式识别能力、记忆能力、学习能力、多样性产生能力、噪声耐受、泛化、分布式诊断和优化等,使得免疫系统越来越受人们的重视。1996 年 12 月,在日本首次举行了基于免疫性系统的国际专题讨论会,首次提出了"人工免疫系统(artificial immune system,AIS)"的概念。1997 年,IEEE 的 System,Man and Cybernetics(SMC)组织专门成立了"人工免疫系统及应用"的分会组织,并于当年年底在美国的 Orlando 召开的年会上开始收录有关 AIS 方面的论文。IEEE 从 1998 年开始正式在人工智能、进化算法等专题会议和杂志上征集人工免疫系统的研究成果,IEEE 世界计算智能会议(World Congress on Computational Intelligence,WCCI)1998 年起开设人工免疫系统专题会议。第一届国际人工免疫系统大会在英国 Kent 大学召开,大大促进了人工免疫系统和免疫工程(immune engineering,IE)的发展。国际学术界的上述活动大大提高了 AIS 研究与应用的影响程度,同时掀起了对智能信息处理系统的研究,使其成为继模糊系统、人工神经网络和进化算法之后的又一个研究热点。

从工程和科学角度讲,人工免疫系统就是研究、借鉴、利用生物免疫系统(主要是人类的免疫系统)信息处理机制而发展起来的各类信息处理技术、计算技术及其在工程和科学中应用而产生的各种智能系统的统称。人工免疫系统是一个跨越多个学科的研究领域,是与生物免疫系统相对应的工程概念,类似人工神经网络与神经网络的对应[64]。

根据免疫系统机制发展的人工免疫算法也已经成为计算智能"大家庭"卓有成效的新成员。人工免疫算法是基于对免疫系统中抗体与抗原相互作用过程的模拟而建立起来的一类方法,我们把所有基于免疫学原理开发、用于工程应用的算法统称为人工免疫算法。当前提出的人工免疫算法主要如下。

Ishida 等基于免疫系统的局部记忆学说和免疫网络学说提出了一个基于 Agent 结构的人工免疫系统,从而借助 Agent 的技术来设计 AIS 及其免疫 Agent 算法[65]。该算法可用于计算机病毒 Agent 的进化和网络防御系统,也可用于噪声的自适应控制。韩国 Jang-Sung Chun 博士等提出利用高级免疫算法进行永磁同步电机参数优化设计[66]。

王磊等在分析标准遗传算法优缺点的基础上,借鉴生命科学中免疫的概念与理论,提出了免疫算法(immune algorithm,IA),并证明该算法是收敛的[67]。该算法的核心在于免疫算子(immune operator)的构造,而免疫算子又是通过接种疫苗和免疫选择两个步骤来完成的。仿真实验表明,免疫算法不仅有效可行,较好地解决了标准遗传算法中出现的退化现象,而且具有更好的收敛速度和搜索能力。

2. 免疫算法与遗传算法比较

遗传算法是一种高效的并行搜索算法,用以解决组合优化问题是十分有效的,它仿照生物进化和遗传的规律,利用复制、交叉、变异等操作,使优胜者被保留、劣败者被淘汰,以"生成＋检测(generate and test)"的方式进行迭代,最终找出最优解。然而,在对算法的实施过程中不难发现两个主要遗传算子都是在一定发生概率的条件下,随机地、没有指导地迭代搜索,因此它们在为群体中的个体提供了进化机会的同时,也无可避免地产生了退化的可能,在某些情况下,这种退化现象还相当明显。另一方面,每一个待求的实际问题都会有自身一些基本的、显而易见的特征信息或知识。然而,遗传算法的交叉和变异算子相对固定,在求解问题时,可变的灵活程度较小。这无疑对算法的通用性是有益的,但忽视了问题的特征信息对求解问题时的辅助作用,特别是在求解一些复杂问题时,这种"忽视"所带来的损失往往就比较明显。

免疫算法与遗传算法在生物学上的区别是:遗传算法的生物学机制是基于达尔文的物种宏观进化思想,免疫算法是在个体基础上发展的,但物种宏观进化对个体免疫系统的进化有重要影响。免疫系统一方面随着物种的进化而慢速进化,另一方面为了适应病原体环境而快速进化。也就是说,生物进化是在有机体之间进行的自然选择,免疫系统个体发育进化是在一个有机体内进行的自然选择。自然选择和个体发育盲目变化对于生物为了生存而进行的无休止的斗争至关重要。二者之间这种千丝万缕的联系反映在计算智能方面,使二者的算法即遗传算法和免疫算法既具有相似性，又具有各自的特点，且可以相互促进。

免疫算法与遗传算法的区别可归纳如下[68~70]：

(1) 免疫算法假设免疫元素相互作用，即每一个免疫细胞个体可以相互作用；而遗传算法不考虑个体之间相互作用。

(2) 免疫算法起源于抗原和抗体之间的内部竞争，其相互作用的环境既包括外部也包括内部的环境；而遗传算法起源于个体和自私基因之间的外部竞争。

(3) 免疫算法中，基因可以由个体自己选择，而在遗传算法中则由环境选择。

2.4.2 分层覆盖网络应用层组播树问题描述

在矿井工业以太网中，对于大流量、多点的实时视频流传输，单播技术由于占用了大量的网络带宽和服务器资源而无法胜任。IP组播技术是一种有效的传输机制，但是IP组播作为一种网络层的组播，需要路由器的支持，且受可扩展性、计费机制等制约，使其在当前网络中没有大量使用[71]。

覆盖网络是在物理网络之上实现的逻辑网络，应用层覆盖网络中的每个节点对应基础网络中的终端主机或服务器。覆盖组播网络（overlay multicast network, OMN）的基本思想是保持互联网原有的简单、不可靠、单播的转发模型，由端系统实现组播转发功能。应用层组播与网络层组播最大的区别在于，网络层组播依赖路由器来构造转发树，而应用层组播是在主机之间构造转发树，处于网络层的路由器只需支持单播即可，这样就大大简化了组播在网络层的部署难题。终端节点在媒体组播网络中执行应用层组播（application layer multicast, ALM）路由算法来确定一条优化的虚拟组播路径，以更灵活的方式实现组播控制，根据 ALM 路由协议来构建和维护组播网络，为流媒体实现视频传输提供高效、可靠的服务。根据构建控制拓扑和数据拓扑的顺序，可以将目前覆盖网络应用层组播协议的实现方法分为：网状拓扑优先方法、树状拓扑优先方法以及隐式方法三大类。对于隐式方法目前还没有严格的定义，虽然出现了一些基于隐式方法的组播方案，但是都还处于研究和发展中，不太成熟。隐式方法中比较有代表性的方法是基于层次结构的应用层组播。

基于层次结构的应用层组播将所有的终端主机（应用层组播节点或成员主机）组织到一个层次结构的拓扑结构中。所有的网络节点都属于最底层 L_0，根据节点间的相互距离（或称为相似度，可以是延迟、带宽或节点的度等）将节点组织成多个簇，每个簇都有一个中心节点也就是簇头，簇头具有最小的到簇内其他点的距离和，并由簇头形成 L_1 层，然后根据 L_1 各节点的相似度形成多个簇，相应的簇头构成 L_2 层，重复以上步骤，最高层则只有一个组播节点，即视频源节点。最终形成由全部节点组成的分层应用层组播树（application layer multicast tree, ALMT）。

将节点根据节点间的相互距离组织成多个簇,每个簇其实就形成了组播岛(multicast island, MI),而簇头即是组播服务节点(multicast service nodes, MSNs),组播服务节点担负主干数据流的转发,组播岛中接收节点与对应组播服务节点 MSNs 逻辑连接"最近"。覆盖网络中组播转发树的建立要尽可能地减少网络延时,同时保证网络负载的均衡,其中 MSNs 的选取非常重要。因此,本章主要解决的问题,就是结合视频图像传输的特点构建选择模型,采用免疫算法进行聚类分析,进行 MSNs 的全局最优选取。对于流媒体实时视频流,其最后一跳(叶节点与 L_0 层组播服务节点的连接)对视频的接收质量影响很大,为简化起见,本章只考虑 L_0 层组播服务节点的选取问题。

如图 2-8 所示,所有的节点 A、B、C……O 都组织到 L_0 层,按节点间的相互距离组织成三个组播岛(三个簇),分别为[B、D、E、F、G],[A、H、I、J、K],[C、L、M、N、O],三个组播岛的组播服务节点分别为 B、A、C,由三个组播服务节点构成 L_1 层,此层只有一个组播岛,组播服务节点为 A。源节点将流媒体实时视频流传给节点 A,节点 A 再复制转发给节点 B 和 C,A、B、C 三个组播服务节点再将视频流复制转发给所在组播岛内的其他成员节点,从而构建一个完整的应用层组播转发树。

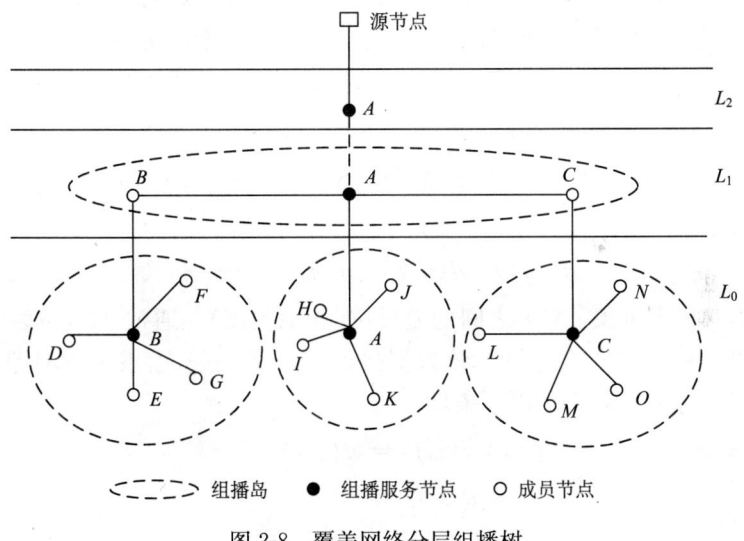

图 2-8 覆盖网络分层组播树

2.4.3 数据类型及处理方法

在免疫算法分析、解决问题过程中,首先要对数据对象进行预处理。在本章中,免疫算法用的数据类型及其处理主要包括以下内容。

1. 数据矩阵

在免疫算法中,分析覆盖网络中各节点的特点,要初始化种群,初始化种群主要用到数据矩阵。数据矩阵是一个对象-属性结构。例如有 n 个对象,利用 m 个属性对对象进行描述,因此数据矩阵一般采用关系表形式或 $m\times n$ 矩阵来表示,如式(2-1)所示:

$$X = \begin{bmatrix} x_{11} & x_{12} & \cdots & x_{1n} \\ x_{21} & x_{22} & \cdots & x_{2n} \\ \vdots & \vdots & & \vdots \\ x_{m1} & x_{m2} & \cdots & x_{mn} \end{bmatrix} \quad (2\text{-}1)$$

其中,第 i 个对象其 m 个属性值可以记为向量 $\boldsymbol{x}_i = (x_{1i}, x_{2i}, \cdots, x_{mi})^{\mathrm{T}}$。

2. 差异矩阵

差异矩阵是一个对象-对象结构。它存放所有 n 个对象两两之间所形成的差异。在覆盖网络中,例如由 n 个节点组建组播网络,将节点间的延迟作为免疫算法中的约束条件,则 n 个节点间的延迟可以用 $n\times n$ 矩阵来表示,如式(2-2)所示:

$$D = \begin{bmatrix} 0 & d(1,2) & d(1,3) & \cdots & d(1,n) \\ d(2,1) & 0 & d(2,3) & \cdots & d(2,n) \\ d(3,1) & d(3,2) & 0 & \cdots & d(3,n) \\ \vdots & \vdots & \vdots & & \vdots \\ d(n,1) & d(n,2) & d(n,3) & \cdots & 0 \end{bmatrix} \quad (2\text{-}2)$$

其中,$d(i,j)$ 表示对象 i 和 j 之间的差异(或相似程度)。通常 $d(i,j)$ 为一个非负数,当对象 i 和 j 非常"接近"时,该数据接近 0,该数值越大,就表示对象 i 和 j 越不相似,并且差异矩阵满足以下条件:

$$\left.\begin{matrix} d(i,j) = d(j,i) \\ d(i,i) = 0 \end{matrix}\right\} \quad (2\text{-}3)$$

3. 归一化矩阵

分层覆盖网络中组建组播网络,需要考虑的约束条件有:延时、节点的度、延时抖动、包丢失率、带宽和费用等,即数据矩阵中对象可能有多个属性值,而各种属性往往使用不同的度量单位,其数值的差异可能十分悬殊,因此,绝对值大的变量其影响可能淹没绝对值小的变量,使后者的作用得不到反映,从而影响算法分析的结果。

为了避免对度量单位选择的依赖,数据应当首先进行标准化。标准化度量值确保每个变量在分析中的地位相同,消除了由于量纲不同而对聚类产生的影响。实际应用中,对数据的标准化主要有以下几种方法。

1) 总和标准化

$$x'_{ij} = \frac{x_{ij}}{\sum_{i=1}^{m} x_{ij}}, \quad i=1,2,\cdots,m, \quad j=1,2,\cdots,n \tag{2-4}$$

且满足 $\sum_{i=1}^{m} x'_{ij} = 1$。

2) 标准差标准化

$$x'_{ij} = (x_{ij} - \bar{x}_j)/s_j, \quad i=1,2,\cdots,m, \quad j=1,2,\cdots,n \tag{2-5}$$

$$\bar{x}_j = \frac{1}{m}\sum_{i=1}^{m} X_{ij}, \quad s_j = \sqrt{\frac{1}{m}\sum_{i=1}^{m}(x_{ij}-\bar{x}_j)^2}$$

且满足 $\bar{x}_j = \frac{1}{m}\sum_{i=1}^{m} x'_{ij} = 0, s_j = \sqrt{\frac{1}{m}\sum_{i=1}^{m}(x'_{ij}-\overline{x'_j})^2} = 1$。

3) 极大值标准化

$$x'_{ij} = \frac{x_{ij}}{\max_{i}\{x_{ij}\}}, \quad i=1,2,\cdots,m, \quad j=1,2,\cdots,n \tag{2-6}$$

4) 极差标准化

$$x'_{ij} = (x_{ij} - \min_{i}\{x_{ij}\})/(\max_{i}\{x_{ij}\} - \min_{i}\{x_{ij}\}) \tag{2-7}$$

4. 特征向量

在覆盖组播网络中,根据各节点对延时、节点的度、延时抖动、包丢失率、带宽和费用等属性的不同要求,定义节点属性权向量,例如网络节点有 m 个特征值,则该节点的属性权向量为

$$\mathbf{W} = (w_1, w_2, \cdots, w_m)^{\mathrm{T}} \subset \mathbf{R}^m, \quad \sum_{i=1}^{m} w_i = 1 \tag{2-8}$$

5. 对象差异性度量

用免疫算法构建覆盖网络应用层组播树,数据对象间差异性度量通常利用各

对象间的距离和相似系数来进行描述。距离是事物之间差异性的测度,而相似系数则是其相似性的测度,所以距离和相似系数是聚类分析的依据和基础。

最常用的距离度量方法是欧氏(Euclidean)距离,例如计算个体 x_i 和 x_j 的欧氏距离,其具体计算如式(2-9)所示:

$$d(i,j) = \|x_i - x_j\| = \sqrt{\sum_{k=1}^{m}(x_{ki}-x_{kj})^2} \tag{2-9}$$

另一个常用的距离计算方法就是曼哈顿(Manhattan)距离,其具体计算方法如式(2-10)所示:

$$d(i,j) = \sum_{k=1}^{m}|x_{ki}-x_{kj}| \tag{2-10}$$

上面两种对象的距离度量方法都满足对距离函数的如下数学要求:

$$\left.\begin{array}{l} d(i,j) \geqslant 0 \\ d(i,j) = d(j,i) \\ d(i,j) \leqslant d(i,k)+d(k,j) \end{array}\right\} \tag{2-11}$$

6. 隶属度矩阵

为了反映聚类分析中节点间的关系,提出了隶属度矩阵,它用一个 $n \times c$ 矩阵 U 来表示,如果第 j 个数据点 x_j 属于组 i,则 U 中的元素 u_{ij} 为 1;否则,该元素为 0,即

$$u_{ij} = \begin{cases} 1, & \text{对每个 } k, k \neq i, \|x_j - c_i\|^2 \leqslant \|x_j - c_k\|^2 \\ 0, & \text{其他} \end{cases} \tag{2-12}$$

由此可得

$$\left.\begin{array}{l} \sum_{i=1}^{c} u_{ij} = 1 \\ \sum_{i=1}^{c}\sum_{j=1}^{n} u_{ij} = n \end{array}\right\} \tag{2-13}$$

例如有 20 个节点,n_1、n_2、$\cdots$、n_{20},假设将其划分成四个组播岛,随机抽取 n_2、n_6、n_{12}、n_{16} 为组播服务节点,假设计算得到组播服务节点与其他节点的距离矩阵为

$$U' = \begin{bmatrix} 0.231 & 0 & 0.215 & 0.321 & 0.265 & 0.439 & 0.194 & 0.059 & 0.165 & 0.176 & 0.166 & 0.116 & 0.186 & 0.171 & 0.416 & 0.295 \\ 0.322 & 0.512 & 0.016 & 0.216 & 0.378 & 0 & 0.352 & 0.312 & 0.255 & 0.340 & 0.235 & 0.248 & 0.214 & 0.243 & 0.173 & 0.249 \\ 0.111 & 0.231 & 0.612 & 0.514 & 0.175 & 0.276 & 0.313 & 0.182 & 0.341 & 0.442 & 0.188 & 0 & 0.283 & 0.342 & 0.253 & 0.456 \\ 0.336 & 0.257 & 0.157 & 0.309 & 0.182 & 0.285 & 0.141 & 0.447 & 0.239 & 0.042 & 0.411 & 0.636 & 0.317 & 0.244 & 0.158 & 0 \end{bmatrix}$$

其中,每一列表示节点相对于四个组播服务节点的隶属度,因此,根据最大隶属度

原则,即距离最近隶属度最大,将划分矩阵 U 清晰化,每列元素中最小者取为 1,其余取为 0,得到对应的布尔矩阵 U^* 为

$$U^* = \begin{bmatrix} 0 & 1 & 0 & 0 & 0 & 0 & 0 & 1 & 1 & 0 & 1 & 0 & 1 & 1 & 0 & 0 & 0 & 0 & 0 & 0 \\ 0 & 0 & 1 & 1 & 0 & 1 & 0 & 0 & 0 & 0 & 0 & 0 & 0 & 0 & 0 & 0 & 0 & 1 & 0 & 0 \\ 1 & 0 & 0 & 0 & 1 & 0 & 0 & 0 & 0 & 0 & 0 & 1 & 0 & 0 & 0 & 0 & 1 & 0 & 1 & 0 \\ 0 & 0 & 0 & 0 & 0 & 0 & 1 & 0 & 0 & 1 & 0 & 0 & 0 & 0 & 1 & 1 & 0 & 0 & 0 & 1 \end{bmatrix}$$

则 20 个成员节点进行组播岛划分的结果如图 2-9 所示。

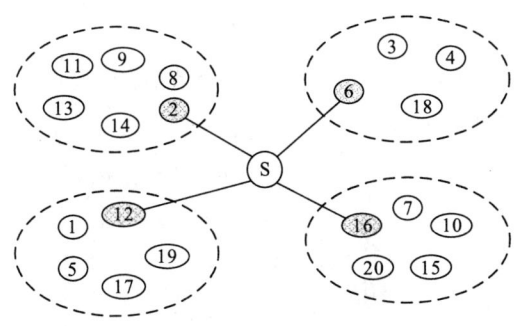

图 2-9 组播岛划分结果

2.4.4 组播树构建

1. 初始化

分层覆盖应用层组播树构建问题包含多个约束条件,如延时、节点的度、延时抖动、包丢失率、带宽和费用等。如果在组播树构建过程中考虑所有因素,算法势必太复杂而不能实际应用,因此应该针对不同的实际需要设计相应的算法,处理不同的约束条件。对于基于流媒体技术的远程视频监控系统,网络节点间延时和节点的度是实时视频流传输必须保证的条件,本章算法主要考虑这两项指标。

分层覆盖应用层组播树构建最重要的就是采用免疫算法,根据网络节点间的延迟和节点的度,对所有的节点进行分析,将所有的节点划分成组播岛,并选择出组播服务节点(MSNs),使一个组播岛中的所有节点距离与对应 MSNs 最近,而不同 MSNs 间的距离最远[71]。

假设覆盖网络中有 N 个网络节点,要将这 N 个节点划分到 c 个组播岛,即选出 c 个组播服务节点(MSNs)。则可以用 N 阶对称差异矩阵 $A = \{a_{ij}\}_{N \times N}$ 来表示 N 个网络节点间的网络延时,矩阵如(2-14)所示:

$$\boldsymbol{A} = \begin{bmatrix} 0 & a_{12} & a_{13} & \cdots & a_{1N} \\ a_{21} & 0 & a_{23} & \cdots & a_{2N} \\ a_{31} & a_{32} & 0 & \cdots & a_{3N} \\ \vdots & \vdots & \vdots & & \vdots \\ a_{N1} & a_{N2} & a_{N3} & \cdots & 0 \end{bmatrix} \quad (2\text{-}14)$$

根据网络节点的特点得知,矩阵(2-14)应具有如下特点:

$$\left. \begin{array}{l} a_{ij} = a_{ji} = 0, \quad i = j \\ a_{ij} = a_{ji} \neq 0, \quad i \neq j \end{array} \right\} \quad (2\text{-}15)$$

用 N 维向量 $\boldsymbol{B} = (b_1, b_2, \cdots, b_N)$ 表示 N 个节点的度,则可以用矩阵 $\boldsymbol{A}'$ 来表示所有节点的特征属性矩阵:

$$\boldsymbol{A}' = \begin{bmatrix} \boldsymbol{A} \\ \boldsymbol{B} \end{bmatrix} = \begin{bmatrix} 0 & a_{12} & \cdots & a_{1N} \\ a_{21} & 0 & \cdots & a_{2N} \\ \vdots & \vdots & & \vdots \\ a_{N1} & a_{N2} & \cdots & 0 \\ b_1 & b_2 & \cdots & b_N \end{bmatrix} \quad (2\text{-}16)$$

为了便于处理和理解,设每个节点有 m 个属性,$m = N + 1$,设节点属性值为 p,且 p 满足如下关系:

$$p_{ij} = \begin{cases} a_{ij}, & i \leqslant N \\ b_j, & i = N + 1 \end{cases} \quad (2\text{-}17)$$

则式(2-16)可用 $\boldsymbol{A}'' = \{p_{ij}\}_{m \times N}$ 表示。

$$\boldsymbol{A}'' = \begin{bmatrix} p_{11} & p_{12} & \cdots & p_{1N} \\ p_{21} & p_{22} & \cdots & p_{2N} \\ \vdots & \vdots & & \vdots \\ p_{m1} & p_{m2} & \cdots & p_{mN} \end{bmatrix} \quad (2\text{-}18)$$

其中,p_{ij} 为样本 j 的第 i 个特征属性值;$i = 1, 2, \cdots, m$;$j = 1, 2, \cdots, N$。由于各特征属性值存在量纲和数量级的差异,为了消除相互影响,利用极大值标准化对其进行归一化处理,则网络节点特征属性均匀映射到空间 $R^{m \times N} = [0, 1]^{m \times N}$ 上,其映射关系如下:

$$s_{ij} = \frac{p_{ij}}{\max_{i}\{p_{ij}\}}, \quad i = 1, 2, \cdots, m, \quad j = 1, 2, \cdots, N \quad (2\text{-}19)$$

由式(2-19)的映射关系可得到特征属性矩阵 $\boldsymbol{A}''$ 的归一化矩阵:

$$S = \begin{bmatrix} s_{11} & s_{12} & \cdots & s_{1N} \\ s_{21} & s_{22} & \cdots & s_{2N} \\ \vdots & \vdots & & \vdots \\ s_{m1} & s_{m2} & \cdots & s_{mN} \end{bmatrix} \quad (2\text{-}20)$$

s_{ij} 为 p_{ij} 归一化处理过的样本属性值,即网络节点 j 的第 i 个特征属性归一化值,很容易得到 $s_{ij} \in [0,1]$,$i=1,2,\cdots,m$,$j=1,2,\cdots,N$。

2. 产生初始种群

假设覆盖网络中要构建 c 个组播岛,从覆盖网络 N 个节点中随机抽取 c 个节点构成一个个体,每个个体有 c 个基因,也就是 c 个组播岛聚类中心,即组播服务节点(MSNs)。随机选择 n 个个体(种群规模)构成初始种群,并进行实数编码,则第 i 个个体可用 $\boldsymbol{X}_i = (x_{i1}, x_{i2}, \cdots, x_{ic}) \in R^{n \times c}$ 表示,其中 $x_{ij} \in \{x_{ij} \mid 1 \leqslant x_{ij} \leqslant N,\ 1 \leqslant i \leqslant n, 1 \leqslant j \leqslant c\}$ 代表第 i 个个体中第 j 个组播岛对应的组播服务节点,因此,构成了 $n \times c$ 维的初始搜索空间。采用实数编码的方法避免了使用特殊的交叉操作和变异操作,也克服了样本数目多时,二进制编码搜索空间巨大的缺点。初始种群如式(2-21)所示:

$$X = \begin{bmatrix} x_{11} & x_{12} & \cdots & x_{1c} \\ x_{21} & x_{22} & \cdots & x_{2c} \\ \vdots & \vdots & & \vdots \\ x_{n1} & x_{n2} & \cdots & x_{nc} \end{bmatrix} = \{x_{ij}\}_{n \times c} \quad (2\text{-}21)$$

3. 适应度函数设计

构建覆盖组播网络,提高视频流传输的效率,最关键的就是覆盖网络应用层组播树的构建,也就是组播岛的划分及组播服务节点 MSNs 的选择。以网络节点的网络延时和节点的度为约束条件,采用免疫算法构建组播树,将 N 个节点划分成 c 个组播岛,使得整个组播树的费用最小,也就是目标函数最小。

最常用的对象差异性度量方法是欧氏距离,如式(2-9)所示。考虑到覆盖组播网络中,对网络节点的网络延时和节点的度的不同要求,引入节点属性权向量:

$$\boldsymbol{W} = (w_1, w_2, \cdots, w_m)^T, \quad \sum_{i=1}^{m} w_i = 1 \quad (2\text{-}22)$$

设信源(MSNs)为 $\boldsymbol{v}_h$,$\boldsymbol{v}_h = (s_{1h}, s_{2h}, \cdots, s_{mh})^T$,$h=1,2,\cdots,c$,信宿为 $\boldsymbol{s}_j$,$\boldsymbol{s}_j = (s_{1j}, s_{2j}, \cdots, s_{mj})^T$,$j=1,2,\cdots,n$,则节点间的差异程度用欧氏距离的平方表示为

$$\|W(s_j - v_h)\|^2 = \sum_{i=1}^{m}[w_i(s_{ij} - v_{ih})]^2 \qquad (2\text{-}23)$$

为了充分合理地反映样本 s_j 与第 h 个个体中基因 v_h 的差异程度,引入样本 j 归属于类 h 的隶属度 u_{hj} 作为广义欧氏权距离的权值,因此可对式(2-9)进行改进,得到两节点间的差异程度(加权广义欧氏权距离的平方)定义:

$$d(s_j, v_h) = u_{hj}^k \|w_i(s_j - v_h)\|^2 = u_{hj}^k \sum_{i=1}^{m}[w_i(s_{ij} - v_{ih})]^2 \qquad (2\text{-}24)$$

隶属度 u_{hj} 满足关系:

$$u_{hj} = \begin{cases} 1, & d_{hj} = \min\{d_{kj}\} \\ 0, & d_{hj} \neq \min\{d_{kj}\} \end{cases}, \quad 1 \leqslant k \leqslant c, \quad 1 \leqslant j \leqslant n, \quad k \neq j \qquad (2\text{-}25)$$

由于一个网络节点只能属于一个组播岛,即一个组播服务节点 MSNs,u_{hj} 只能为 0 或者为 1,因此式(2-24)可以变换为

$$d(s_j, v_h) = u_{hj} \|w_i(s_j - v_h)\|^2 = u_{hj} \sum_{i=1}^{m}[w_i(s_{ij} - v_{ih})]^2 \qquad (2\text{-}26)$$

则初始种群 X 中,对于其中随机抽取的个体 $X_i = (x_{i1}, x_{i2}, \cdots, x_{ic}) \in R^{n \times c}$ 所构成的组播树,其聚类目标函数可以定义为

$$J(U) = \sum_{h=1}^{c}\sum_{j=1}^{n}d(s_j, v_h) = \sum_{h=1}^{c}\sum_{j=1}^{n}u_{hj}\sum_{i=1}^{m}[w_i(s_{ij} - v_{ih})]^2 \qquad (2\text{-}27)$$

其中,$v_h = x_{kh}; h = 1, 2, \cdots, n; k = 1, 2, \cdots, m$。

聚类目标函数描述的是组播树中所有节点和组播服务节点间的差异程度,目标函数越大,说明应用层组播树组播岛中的对象距离偏差 MSNs 越大,聚类质量越差,相应的个体适应度越低;反之,目标函数越小,说明组播岛中的对象距离偏差 MSNs 越小,聚类质量越好,相应的个体适应度越高。

设 $J(k)$ 表示第 k 个个体的聚类目标函数,则其适应度函数可定义为

$$f(k) = 1/[1 + J(k)] \qquad (2\text{-}28)$$

4. 抽取疫苗

使用免疫算法对初始种群进行交叉、变异、接种疫苗、迭代等操作的目的是找到一个个体,即一组组播服务节点,使得整个覆盖组播网络的适应度最高。因此容易想到,从初始种群中找到第 k 个个体,其适应度函数为所有个体适应度函数值中最大,将第 k 个个体作为疫苗。设疫苗为 $B, B = (b_1, b_2, \cdots, b_c)$。

$$f(k) = \max\{f(i)\}, \quad i = 1, 2, \cdots, n \qquad (2\text{-}29)$$

5. 交叉算子设计

为了维护群体多样性,避免算法的过早收敛,遗传算法通过交叉操作可以得到

新一代个体,新个体继承了父辈个体的特性,交叉体现了信息交换的思想。交叉操作的设计和实现与所研究的问题密切相关,一般要求它既不要太多地破坏个体串中的优良模式,又要能够有效地产生出一些较好的新个体模式,而且交叉操作的设计要和个体编码设计统一考虑。

交叉算子主要有一点交叉、两点交叉、多点式交叉、整体算术交叉等,由于在覆盖组播网络中,对组播岛服务节点 MSNs 采用实数编码时,每个基因代表一个 MSN,基因长度有限,因此本章采用整体算术交叉[72]相互交换两个配对个体的基因。

若交叉后同一个体中出现相同的基因,则用原来的基因值替换重复的基因值,以保证个体基因不重叠。若适应度提高,则执行本操作,若适应度无改善,则用父代个体代替子代个体,防止个体适应度降低。

若个体 $p(X_i)<p_c$(p_c 为交叉概率),按照随机配对原则选出父代个体为 $parent(1)$ 和 $parent(2)$,其子代个体分别为 $child(1)$ 和 $child(2)$,并用 $parent(i)(j)$ 表示第 i 个父代个体的第 j 个基因,$child(i)(j)$ 表示第 i 个子代个体的第 j 个基因,利用整体算术交叉,可得

$$child(1)(j) = \text{int}[\alpha \times parent(1)(j) + (1-\alpha) \times parent(2)(j)] \quad (2\text{-}30)$$

$$child(2)(j) = \text{int}[\alpha \times parent(2)(j) + (1-\alpha) \times parent(1)(j)] \quad (2\text{-}31)$$

其中,α 为 $(0,1)$ 区间上的交叉因子;$j=1,2,\cdots,c$。

6. 变异算子设计

变异是种群产生新个体的一种方法,保证了遗传算法的有效性,使得遗传算法保持种群多样性的同时,具有局部的随机搜索能力。

设父代个体 i 为 $parent(i)$,子代个体为 $child(i)$,当满足 $p(X_i)>p_m$(p_m 为变异概率),采用单点变异,即随机选择其某一位基因 j 进行非一致性突变,把参与变异的基因作随机扰动,即

$$child(i)(j) = parent(i)(j) + \beta \quad (2\text{-}32)$$

其中,$\beta=\text{round}(\lambda*\alpha)$;$\alpha$ 为 $(-6,6)$ 区间服从均匀分布的随机变量;$\lambda=K/t$,K 为正整数的常数,t 为迭代次数。

使用此方法,由于在进化初期迭代次数 t 较小,所以扰动常数 β 较大,也就使得变异基因可以在整个搜索空间内大范围地移动,从而增加群体的多样性;随着迭代次数 t 的增加,扰动常数逐渐减少,从而使得个体越来越稳定。

与交叉算子一样,若变异后同一个体中出现相同的基因,则原来的基因值替换重复的基因值,以保证个体基因值不重叠。若个体适应度提高,则执行本操作,若个体适应度无改善,则用父代个体代替子代个体,防止个体退化,适应度降低。

7. 免疫算子设计

免疫算子的执行过程包括接种疫苗和免疫选择。

1) 接种疫苗(vaccination)

接种疫苗是按概率 p_i，在当前种群中抽取一定数量的个体实施接种疫苗。按先前提取的疫苗对这些个体随机的选择基因位进行修改，使所得到的个体以较大的概率具有更高的适应度。

设随机抽取父代个体 $parent(i)$，先前提取的疫苗为 B_{t-1}，随机的选取父代个体的第 j 个基因进行接种疫苗，则其子代个体为

$$child(i)(k) = \begin{cases} parent(i)(k), & k \neq j \\ B_{t-1}(j), & k = j \end{cases}, \quad k = 1, 2, \cdots, c \quad (2\text{-}33)$$

2) 免疫选择(select of immune)

接种疫苗之后，首先采用免疫检测，即对接种了疫苗的个体进行检测，若其适应度不如父代，说明在接种疫苗过程中出现了严重的退化现象。这时，该个体将被父代中对应的个体取代。同时，如果接种疫苗后的个体中出现相同的基因，则同样用父代中对应的个体替代当前个体。

然后进行退火选择，即在当前的子代群体 $C = (c_1, c_2, \cdots, c_n)$ 中以概率 $p(c_i)$，选择个体 c_i 进入新的父代群体，其中 $f(c_i)$ 为个体 c_i 的适应度，T_k 是趋近于 0 的温度控制序列。

$$p(c_i) = \frac{e^{f(c_i)/T_k}}{\sum_{i=1}^{n} e^{f(c_i)/T_k}} \quad (2\text{-}34)$$

$$T_k = \ln[(T_0/k) + 1] \quad (2\text{-}35)$$

其中，k 为进化代数；T_0 为 100。

8. 算法终止准则

判断是否满足迭代终止条件，如果满足则算法终止。终止条件可设定为适应度函数所能达到的阈值或最大迭代次数 G，即 $|J(k) - J(k-1)| < \varepsilon$（$\varepsilon$ 为设定的一个阈值）或 $k = G$ 时，算法终止，确定当前种群中的最佳个体作为算法最终寻找到的解。

得到最佳个体也就得到了应用层组播网络组播岛的组播服务器节点，由最佳个体同时可以计算最佳个体的隶属度矩阵，从而得到一棵完整的三层结构的应用层组播树。

2.4.5 仿真实验和结果分析

为验证免疫算法的有效性,本节在上述各步骤基础上用 Visual C++实现了免疫算法,算法流程如图 2-10 所示。

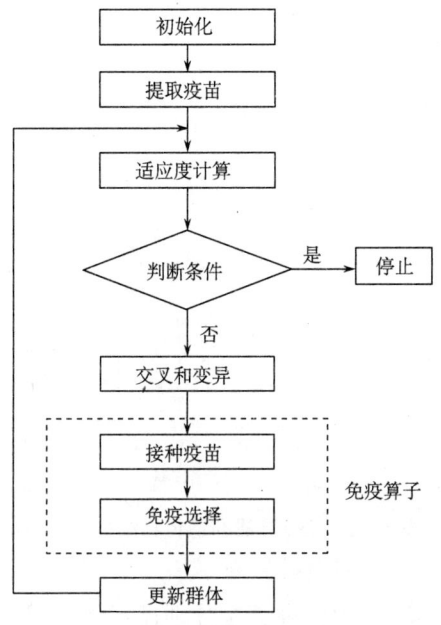

图 2-10 免疫算法流程图

实验中随机产生 N 个节点,从中随机选取 m 组,每组 c 个节点,组成初始种群,即 m 个个体,每个个体 c 个基因。实验中所使用的参数取值如表 2-3 所示。

表 2-3 参数取值

参数	N	c	m	α	K	p_l
取值	150	5	30	0.2	10	0.3

为了比较采用免疫算法和传统遗传算法进行组播服务节点选取的收敛速度和效果,实验一中对于同一样本集,将分别采用两种算法对种群进行组播岛的划分和组播服务节点的选取。算法以式(2-28)作为个体适应度函数,算法中交叉概率 p_c =0.9,采用算术交叉,交叉因子为 0.2,变异概率 p_m=0.9,实验算法迭代 100 次。两种算法所得到的个体最佳适应度和个体平均适应度随算法迭代次数的变化趋势如图 2-11 所示。

由图 2-11 可以看出,将免疫算法应用到组播岛的划分,进行组播服务节点的选取是有效、可行的,算法收敛,且比基于传统遗传算法的组播服务节点选择算法拥有更快的收敛速度、更高的搜索效率,明显地消除了传统遗传算法后期的振荡现象。

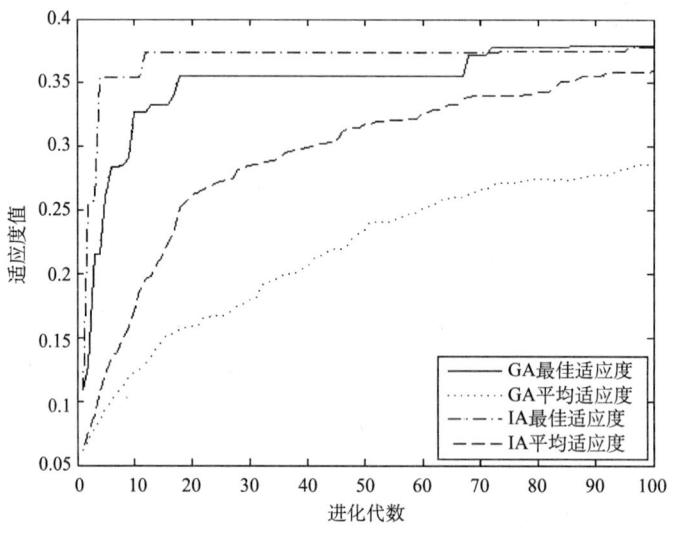

图 2-11 免疫算法和遗传算法性能分析

实验二对不同样本集,采用两种算法分别进行组播服务节点的选取,以式(2-28)作为个体适应度函数,达到稳定解时个体适应度函数值越大说明目标函数越小,组播服务节点选择越好,组播服务节点到组播岛内其他节点的距离和越小。图 2-12 为当到达稳定解时算法迭代次数随样本集的变化曲线,图 2-13 为算法迭代 100 次的最佳个体适应度值随样本集的变化曲线。由图 2-12 可以看出,对于不同样本集,基于免疫算法的组播岛划分算法收敛到稳定解时的迭代次数大多数情况下要少于传统遗传算法。由图 2-13 可以看出,对于不同样本集,基于免疫算法的组播岛划分算法收敛到稳定解时最佳个体适应度值要略好于传统遗传算法。

实验三使用同一样本集,对于一个接种概率选择不同的初始种群进行组播服务节点的选取,重复进行 20 次实验,每次进行 100 次迭代,得到 20 次实验平均的最佳个体适应度值,来反映接种概率的改变对免疫算法收敛的影响,如图 2-14 所示。由图可知,接种概率的变化,对免疫算法稳定时最后的收敛值影响不大。

实验四对同一样本集,在基于免疫算法的组播服务节点选取算法中,交叉算子分别使用单点交叉和算术交叉,从而得到个体最佳适应度随迭代次数增加的变化趋势,如图 2-15 所示。由图可知,在基于免疫算法的组播服务节点选取算法中,单点交叉比算术交叉具有更快的收敛速度，且两种交叉方法所找到的最优个体或准最优个体的适应度基本一致，即两种方法只影响算法的收敛速度，对算法收敛结果基本无影响。

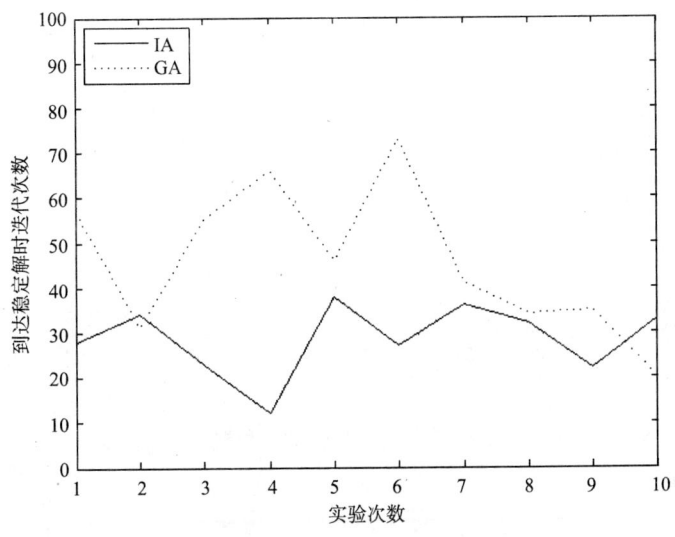

图 2-12　两种算法收敛速度比较

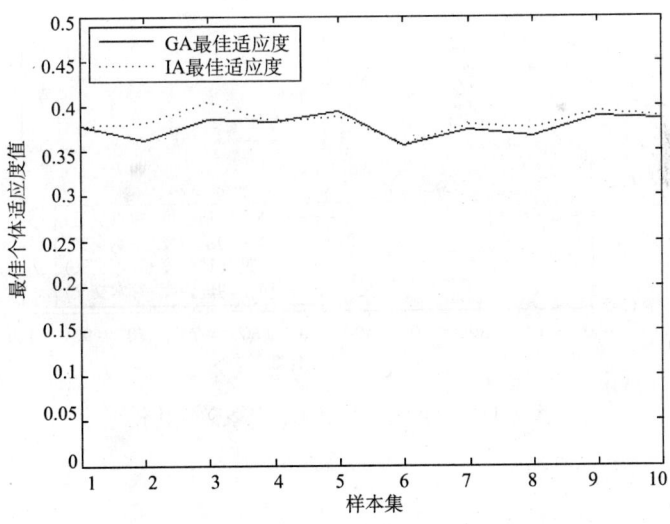

图 2-13　不同样本集两种算法最佳个体适应度值比较

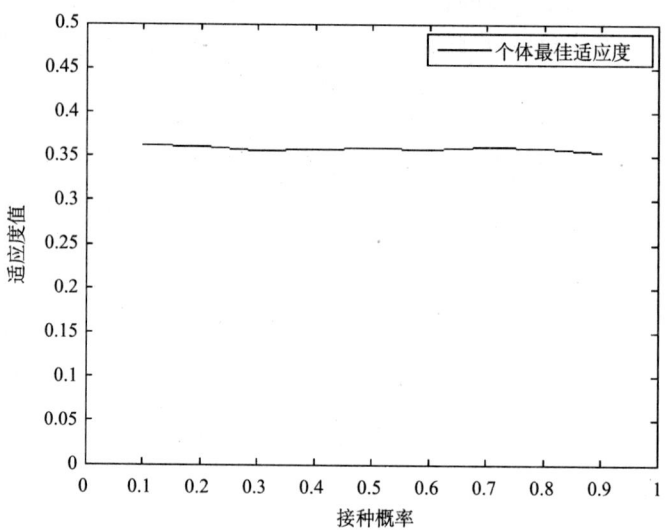

图 2-14　最佳个体适应度值随接种概率变化曲线

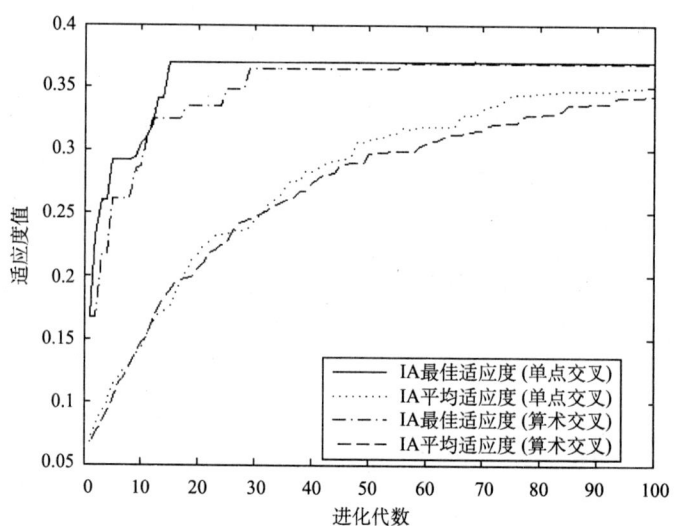

图 2-15　单点交叉与算术交叉收敛性比较

第3章 基于模糊理论的矿井图像增强方法

本章分析了经典模糊理论的优缺点,以煤矿图像为研究背景,针对煤矿图像由于光照不均造成图像对比度差等问题,以小波分析为工具,研究基于模糊理论的矿井图像增强方法。

3.1 模糊理论图像处理的必要性和合理性

香农曾指出,信息处理的本质在于减少或消除不确定性。在对这种不确定性的研究过程中,发现在代表着事件发生与否的随机性过程中还存在着"亦此亦彼"的中间过渡性,这不同于通常不确定性的"非此即彼"的二值性。这种中间过渡性由于其不明确的概念很难具体的表达出来,这就导致了对象划分的不确定性,称之为模糊不确定性。为了能够具体、准确、有效地表达这种模糊不确定性,1965年,美籍伊朗人、著名控制论专家Zadeh提出了模糊子集的概念,创立了模糊数学,从而提供了一套严格的数学方法,用来描述这种带有模糊不确定性的现象和事物。由于现实世界中各种现象本身存在着许多模糊不确定性,而模糊数学能够有效地表示出这种不确定性,使原本的模糊不确定信息具有具体的、现实意义的研究方法。图像模糊信息处理就是利用模糊数学这一工具来处理带有模糊不确定性的信息,一时成为学者们的热门研究课题[73]。

目标投影成像的过程,是把三维像物投影到二维空间,得到的是图像的二维信息,图像的降维过程已经导致了图像信息的不完整性。同时成像过程中,还会不可避免地受到各种干扰因素、光照条件、成像系统的空间分辨率等的影响,使图像成像后丢失很多信息或者被各种影响因素所覆盖,这样就会造成图像中像物和背景的区分度不高,或者几乎无法区分,目标物的边缘模糊,还有一些信息无法描述表达,造成信息的不确定、不精确,也就是图像信息的模糊性。图像中的这种模糊信息用一般的数学理论很难描述出来,如果用人的语言来描述,由于人的语言自身就有模棱两可的不确定性,只会使图像信息表达变得更模糊。在对图像进行处理时,对于一些不确定的因素有时可以根据先验知识来确定,而人的先验知识也具有一定的局限性。由此可见,在图像形成的种种过程中,几乎每个环节都会给图像带来模糊信息,这就迫切需要一种可以具体精确表达这种模糊性的数学工具。鉴于此,利用模糊理论来处理这种模糊不确定性的信息有其内在的必要性和合理性。

为了改善图像的视觉效果,图像增强一般都是通过改变像素点的取值来实现,使增强后的图像更适于人眼视觉系统和计算机系统分析处理。由于人类视觉系统感知信息时具有一定模糊性,而模糊集理论在分析诸如判断、感知及辨识等人类系统的各种行为时是一种有效的工具,因此,模糊理论被广泛应用于图像增强算法中,并取得了较好的效果。

3.2 模糊数学理论分析

模糊数学是 1965 年由美国加利福尼亚大学伯克利分校电气工程系 Zadeh 教授创立的,并发展成为一门严谨的数学理论。由于其能很好描述自然界中无法用传统方法描述的模糊不确定性,所以受到学者们的广泛关注,继而出现了模糊逻辑、模糊推理等,其中模糊逻辑是把客观逻辑世界视为一系列连续变换的等级,摒弃了二值逻辑中简单的肯定与否定,有效地表达了"亦此亦彼"的中间过渡,即存在着部分否定与部分肯定,只是隶属程度的不同;模糊逻辑推理是建立在模糊逻辑基础上的一种近似推理,它可以在所获得的模糊信息基础上进行有效的判断和决策。

集合是现代数学中最基本的概念之一,可以表现概念、性质和运算,也可以表现判断和推理,因而集合能够描述各门学科的语言、内容和思想。

所谓集合,是指具有某种特定属性的对象集体。在论域 U 中任意给定一个元素 x 及任意给定一个经典集合 A,则 x 或者属于 A,或者不属于 A,二者必居其一。当一个集合用特征函数 I_A 来表示时,可用式(3-1)表示元素是否属于集合:

$$I_A = \begin{cases} 1, & x \in A \\ 0, & x \notin A \end{cases} \tag{3-1}$$

由此看见,这里表达的是"非此即彼"的确定性概念,而除了非此即彼的确定性外更多的却是一种亦此亦彼的属性,这就限制了普通集合的表示范围。

模糊集合则能很好地表达亦此亦彼的特性,同时也将非此即彼的明确概念包含在内,拓展了普通集合,具有很好的表现性。

3.2.1 模糊集的定义

为了与普通集合 A 加以区别,模糊集合记以 $\tilde{A}$;并将取值在[0,1]闭区间的特征函数称为隶属函数,记以 $\mu_{\tilde{A}}(x)$,它表示论域 U 中的元素 x 对于模糊集合 $\tilde{A}$ 的隶属程度,简称隶属度,用它来描述"亦此亦彼"的模糊概念、现象和事件等[74]。

定义 1:设给定论域 U,U 在闭区间[0,1]的任一映射 μ_A,$\mu_A:U \to [0,1]$

$$x \to \mu_{\tilde{A}}(x), \quad x \in U \tag{3-2}$$

可确定 U 的一个模糊集 $\widetilde{A}$。

定义 2：所谓给定了论域 U 上的一个模糊集 $\widetilde{A}$，是指对于任意 $x \in U$，都指定了一个数 $\mu_{\widetilde{A}}(x) \in [0,1]$，叫做 x 对 $\widetilde{A}$ 的隶属程度或隶属度。映射

$$\mu_{\widetilde{A}}(x): U \rightarrow [0,1] \tag{3-3}$$

叫做 $\widetilde{A}$ 的隶属函数。

在进行算法的研究过程中，陈武凡等在 1995 年提出了广义模糊集合的概念，作为对普通模糊集合的一种补充[84]。

定义 3：论域 U 上广义模糊集合 $\widetilde{A}$ 表征为

$$\widetilde{A} = \int_{x \in U} \frac{\mu_{\widetilde{A}}(x)}{x} \text{ 或 } \widetilde{A} = \{(\mu_{\widetilde{A}}(x), x \in U)\} \tag{3-4}$$

其中，$\mu_{\widetilde{A}}(x) \in [-1,1]$ 称为 U 上 $\widetilde{A}$ 的广义隶属函数；称 $\mu_{\widetilde{A}}(x) \in [-1,0)$ 为 U 上 x 完全不属于 $\widetilde{A}$ 的广义隶属函数；$\mu_{\widetilde{A}}(x) \in (0,1]$ 为 U 上 x 完全属于 $\widetilde{A}$ 的广义隶属函数；而 $\mu_{\widetilde{A}}(x) = 0$ 为 U 上 $\widetilde{A}$ 的模糊分界点函数。

3.2.2 模糊集的表示

论域 U 为有限集 $\{x_1, x_2, \cdots, x_n\}$ 时，模糊集的表达方法有三种：

(1) 序偶法：即用序偶 $(x_i, \mu_{\widetilde{A}}(x_i))$，$i = 1, 2, \cdots, n$ 来表示

$$\widetilde{A} = \{(x_1, \mu_{\widetilde{A}}(x_1)), (x_2, \mu_{\widetilde{A}}(x_2)), \cdots, (x_n, \mu_{\widetilde{A}}(x_n))\} \tag{3-5}$$

(2) Zadeh 表示法

$$\widetilde{A} = \sum_{i=1}^{n} \frac{\mu_{\widetilde{A}}(x_i)}{x_i} \tag{3-6}$$

其中，符号 $\frac{\mu_{\widetilde{A}}(x_i)}{x_i}$ 不表示"分数"，而是表示元素 x_i 隶属于 $\widetilde{A}$ 的程度为 $\mu_{\widetilde{A}}(x_i)$。

(3) 向量表示法

只按元素顺序排列出隶属度，即

$$\widetilde{A} = \{\mu_{\widetilde{A}}(x_1), \mu_{\widetilde{A}}(x_2), \cdots, \mu_{\widetilde{A}}(x_n)\} \tag{3-7}$$

3.2.3 模糊集的隶属函数

在模糊理论中最重要的一个概念就是隶属度函数，在用模糊数学作为处理信息的工具时，第一步就要确定模糊隶属度函数，将模糊信息具体化。确定隶属度函数的方法有很多种，这里来介绍下常用的确定隶属度函数的方法。

1) 统计法

在概率统计学中,概率的产生是通过在 n 次试验中,统计出事件 A 的发生的次数,在无数次试验后,也就是 n 无限大时,事件 A 发生的概率 $p(A)$ 可以表示为

$$p(A) = \lim_{n \to \infty} \frac{A \text{发生的次数}}{n} \tag{3-8}$$

以概率论的这种统计方法[75]为模板,利用统计的思想来定义隶属度函数,那么隶属度函数 $\mu_{\widetilde{A}}(x_0)$ 所表示的意义就是,某个元素 x_0 隶属于条件 $\widetilde{A}$ 的次数的统计和与总的询问次数 n 之比的极限,即

$$\mu_{\widetilde{A}}(x_0) = \lim_{n \to \infty} \frac{x_0 \in \widetilde{A} \text{的次数}}{n} \tag{3-9}$$

并且 x_0 隶属于集合 $\widetilde{A}$ 的取值区间为 $[0,1]$。

式(3-9)与(3-8)在形式是一样的,都是某种概率上的意义,但是它们的物理意义是不同的,为了更好地理解模糊隶属度,这点是一定要弄明白的。概率表示的是事件的发生与否,即存在与不存的确定意义,随机性很强;而隶属度表示的是某元素属于某集合的程度,包括属于与不属于的明确意义,也包含其确切意义之外的不明确性,即信息本身的客观模糊性。

2) 三分法

利用统计法求出的是每个隶属度值,计算量比较大,却不能确定出表征所有隶属度值的函数表达式。

三分法的思想就是用两点分界的方法把事物分为三个部分,这两点的选择是根据事物的固有特性,或者是某种处理目的。两点的选择具有随机性,可以用概率论来表示,然后得出两点的概率密度分布,从而推导出隶属度函数。设这两点为 ξ 和 η,隶属度函数表示为 $\mu_{\widetilde{A}}(x)$,则有如下定理。

定理 1:设 (ξ, η) 是满足 $P(\xi < \eta) = 1$ 的连续随机矢量,对于 (ξ, η) 的每一次取点,都联系着一个映射 e

$$e_{(\xi,\eta)} : \Omega \to U = \{\widetilde{A}_1, \widetilde{A}_2, \widetilde{A}_3\}$$

$$e_{(\xi,\eta)} = \begin{cases} \widetilde{A}_1, & x \leqslant \xi \\ \widetilde{A}_2, & \xi < x \leqslant \eta \\ \widetilde{A}_3, & x > \eta \end{cases} \tag{3-10}$$

这里就是通过模糊统计试验将 x 的模糊不确定性与 ξ、η 的随机不确定性联系了起来,由此三分法模糊统计试验所确定的三类隶属函数为

$$\mu_{\widetilde{A}_1}(x) = \int_x^{+\infty} P_\xi(x) \mathrm{d}x \tag{3-11}$$

$$\mu_{\tilde{A}_3}(x) = \int_{-\infty}^{x} P_\eta(x)\mathrm{d}x \tag{3-12}$$

$$\mu_{\tilde{A}_2}(x) = 1 - \mu_{\tilde{A}_1}(x) - \mu_{\tilde{A}_3}(x) \tag{3-13}$$

3）模糊分布

借助常见模糊分布来确定隶属函数：偏小型（戒上型）、偏大型（戒下型）、中间型（对称型）、五点法、二元对比排序法、多相模糊统计法、解析法与推理法等。

3.3 模糊理论图像增强算法分析

图像信息在形成过程中会有很多种影响因素，加上图像中各部分信息都不是单一独立的，本身就是复杂的，还有很强的信息相关性。种种因素致使图像在形成之后具有模糊不确定成分，无法正确有效地得到所需要的视觉效果。而这些不确定性和不精确性的产生并不是随机的，所以不适合用概率论理论来进行处理。这种图像信息的不确定性就符合上文分述中所讨论的模糊不确定性，而且这种模糊性可以体现在图像的对比度低、几何形状不清和图像信息接受者自身知识的限制等方面。在对模糊理论的学习中，知道模糊理论对于这种不确定与不精确性具有很有效的描述，从而使其能够通过精确的数学表达来进行信息的处理，同时对图像信息的噪声有很好的抑制作用，因此，模糊理论被广泛地应用在图像处理方面，并取得成效，特别是图像增强、边缘检测、图像分割等方面，更是取得了传统方法无法达到的效果。

图像模糊处理就是用模糊集合的方式将图像的各个块或者特征信息通过模糊集合来理解表示，并进一步对这些信息进行处理，从而达到处理效果。在用模糊理论处理信息的过程中，它对图像的表示、处理取决于所选择的模糊技术和待解决的问题，具有很强的针对性。一般情况下，图像模糊处理主要分为三个步骤：图像模糊特征提取、隶属函数值的修正和模糊域反变换，如图 3-1 所示[76]。

由图 3-1 我们可以看出，用模糊技术进行图像处理的过程是：首先将图像从空域通过隶属度函数变换到模糊特征平面[77]，也称为隶属度平面，就是将图像进行模糊化的过程，对原图像信息赋予更具体、更直观的意义。针对这一处理过程，很多专家在研究中总结了宝贵的经验，后来者在此基础上研究应用时就可以很好地利用，以使在相对短的时间内取得更好的效果。当然还可以提出新的、更好的转换函数，来达到处理目的，通过这一过程来完成编码。之后，根据实际需要选择适当的模糊技术来修正隶属度值，也就是逐点的修改转换后的隶属度值，达到图像处理的目的，这一过程也就是模糊处理的过程。最后，通过隶属度函数的反变换式将图像从模糊域反变换回空域，以此来完成图像的解码过程。由此可见，对模糊增强技

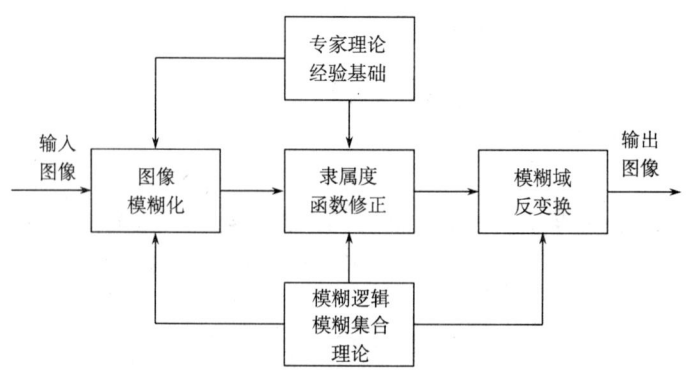

图 3-1　图像模糊处理基本框架

术最重要的环节就是对隶属值的修正,可以从隶属度函数的选择使用或者推陈出新来考虑,也可以从模糊增强算子的角度来考虑。总之,都是为了能得到新的隶属度函数值来改善图像效果。在实际应用中,对隶属度函数的修正可以有很多种方法,研究者们也是在不断地寻求更好、更有效、更快捷的算法,比较常用的就是模糊增强算子、模糊聚类分析、模糊逻辑规则、模糊数学形态学以及各种综合方法等[78]。

在对图像进行增强处理时,希望能够较好地增强感兴趣的图像信息,同时又希望能较好地去除噪声信息,改善整体的图像质量。但是,实际操作中,这却是一对矛盾体。因为,模糊图像增强是对所处理图像区域中的所有隶属度值进行处理,这里当然也包括噪声的隶属度值,也就是说在增强图像信息的同时,对噪声信息也进行了增强处理;而在滤除噪声信息的时候,由于噪声信息大部分分布在高频信息区域,在滤除噪声的同时又会不可避免地模糊图像的细节信息,导致图像边缘模糊。因此,图像增强的过程往往也是一个自相矛盾的过程。为了能够处理好这一对矛盾体,得到较理想的处理效果,往往选择的是一个折中的办法,这就需要找到一个合适的修正隶属度值的函数,来达到较好的增强处理目的。传统的图像增强算法通常是基于整幅图像的统计量通过转换函数来进行处理,处理的过程包括所有的像素点,这样对于某些局部区域相对于全局图像所占信息相对量较小时,在处理中就会因为取值较小而被忽略,就会造成局部处理效果的不理想,影响后续噪声滤波和边缘增强的处理,这并不是研究者想要的结果。于是,许多算法都以邻域的统计特性为基点,充分利用邻域的重要信息来对图像进行局部灰度调整,形成了许多局域增强处理的算法。

在图像的增强处理中,由于处理图像有很强的针对性,因此在各类算法中大都存在一个或者以上的控制参数,通过这个参数可以控制变换函数曲线来增强图像的感兴趣的区域,以达到某种需求的增强目的。对于如何选择参数这个问题就引起了一些学者的关注,于是产生了一系列自适应的图像增强处理算法。对于图像的自适应增强研究,主要是着眼于各种算法中存在的不固定的参数值,所谓的自适应就是能自动的选择一个最优参数来做到该算法的最优增强处理效果,而不需要像以往一样通过大量的实验来确定最优参数值,浪费了大量的时间精力,选取的参数还未必能是处理效果最优。自适应增强目前主要应用于三大类增强算法中:自适应滤波器、基于图像建模和估计理论的增强算法以及基于模糊集合论的增强算法。

3.3.1 经典模糊理论图像增强方法

S. K. Pal 等在 1981 年分别针对图像对比度增强和 X 射线图像的边缘检测问题,提出了一种新隶属度函数和模糊增强算子,其算法如下。

(1) 如式(3-14)所示,μ_{mn} 表示隶属度函数,全体 μ_{mn} 组成的平面就是模糊特征平面,$g_{\max}$ 为图像中最大的像素值,其中 F_e 和 F_d 分别是指数型和倒数型模糊因子,是隶属度函数中很重要的参数量,它们的取值是根据图像特点和图像增强的目的来进行选择的,这两个参数直接影响到原图像信息中每个像素值所对应的隶属度值的大小,因此应该对 F_e 和 F_d 的值做出一个恰当的选择。在得到的所有值中,有一个特殊点,称之为渡越点,在这一点处的隶属度值为固定值 0.5,因此渡越点满足下式:

$$G_{mn}\begin{cases}<0.5, & g_{mn}<g_c \\ =0.5, & g_{mn}=g_c \\ >0.5, & g_{mn}>g_c\end{cases}$$

因此,在确定渡越点 g_c 后,当 F_e 确定时,可以确定 F_d。

(2) 通过变换 G 计算每个像素点的隶属度值,将图像从空间域变换到模糊域:

$$\mu_{mn}=G(g_{mn})=\left(1+\frac{g_{\max}-g_{mn}}{F_d}\right)^{-F_e} \quad (3\text{-}14)$$

(3) 式(3-15)即为模糊增强算子(INT)的回归调用,用以修正各个像素点的隶属度($\mu_{mn}\to\mu'_{mn}$),从而达到增强图像的目的:

$$T(\mu_{mn})=\begin{cases}2\cdot(\mu_{mn})^2, & 0\leqslant\mu_{mn}\leqslant 0.5 \\ 1-2\cdot(\mu_{mn})^2, & 0.5\leqslant\mu_{mn}\leqslant 1\end{cases} \quad (3\text{-}15)$$

由式(3-15)可以知道通过模糊增强算子增大大于 0.5 的隶属度值而减小小于 0.5 的隶属度值,这是模糊增强算法的关键所在,这样就减小了 G 的模糊性,增强了图像灰度对比度。通过式(3-16)的作用,可以使模糊增强算子在模糊集 G 上产生另一模糊集。

$$\mu'_{mn} = T^{(r)}(\mu_{mn}) = T(T^{(r-1)}(\mu_{mn})), \quad r = 1, 2, \cdots \qquad (3\text{-}16)$$

这里 $T^{(r)}$ 代表着多次调用函数 T,在极限调用情况下,就会产生一个二值图像。根据图像的特点和图像增强目的的不同,通常选择调用次数 r 为 1、2 或 3,这是为了避免细节信息的丢失和模糊图像增强的不足。

(4) 经过式(3-16)对隶属度值进行修正以后,再通过式(3-14)的反变换 G^{-1} 得到修正后的隶属度值所对应的新的灰度级,这也是将图像从模糊域变换到空域的过程,从而产生增强处理后的新图像,反变换式如式(3-17)所示:

$$g'_{mn} = G^{-1}(\mu'_{mn}) = g_{\max} - F_d\left[(\mu'_{mn})^{\frac{-1}{F_e}} - 1\right] \qquad (3\text{-}17)$$

下面针对这种经典模糊算法对人物图进行仿真实验,结果如图 3-2 所示。

通过以上对 S. K. Pal 模糊增强算法的分析并结合大量的实验结果,可以看出,通过模糊理论对图像进行增强处理可以得出比传统图像增强算法更好的处理效果,但同时它也存在着自身的缺陷,下面来对其主要的缺陷进行分析。

(1) 由式(3-14)可知,当 $g_{mn}=0$ 时,μ_{mn} 的取值是一个非零值,也就是说经过隶属函数变换后得到的隶属度值的取值范围在一个非零值到 1 之间,并非[0,1]标准取值区间,在经过 $T^{(r)}(\cdot)$ 变换以后,得到的新的隶属度值 G'_{mn} 就会比这个非零值要小,也就是说,经过隶属度值的修正得到的新的隶属度值的范围比原来的隶属度值的取值范围要大,这样在利用反变换求变换后的隶属度值时就会造成部分无解的现象,为了保证不会出现这种现象,就必须硬性规定修正后的隶属度值的值域与原始隶属度值的值域是相同的,反映在图像中就造成了部分灰度信息的丢失,对得到的模糊增强图像的细节和边缘都造成影响,这有失图像增强的本意,也是经典模糊增强算法的主要缺陷[79]。

(2) 式(3-14)的变换 $G(\cdot)$ 的计算相当复杂,会消耗大量的计算机系统处理时间,降低图像处理的实时性,这在一些对图像处理实时性要求比较高的情况是不适用的。

(3) 在对图像进行隶属度函数变换和反变换的时候,图像隶属度值修正前后的隶属度值的最大值是相同的,反映在图像上就是说模糊增强处理前后图像的最大灰度值是相同的,灰度范围一致,模糊增强的处理仅仅是对部分或者局域的灰度值进行了调整,对一些小范围灰度的影响很小,这样就达不到较好的增强效果。

3.3.2 其他学者改进后的模糊理论增强算法

1. 模糊理论图像增强中隶属函数的改进

从经典模糊增强理论的分析中可以知道,隶属度函数和模糊增强算子在模糊图像处理中是关键的一个环节,它们一起决定了图像增强的程度和增强的区域,以及算法的有效性、实时性。因此,研究人员开始了对模糊理论的关注。

第 3 章 基于模糊理论的矿井图像增强方法

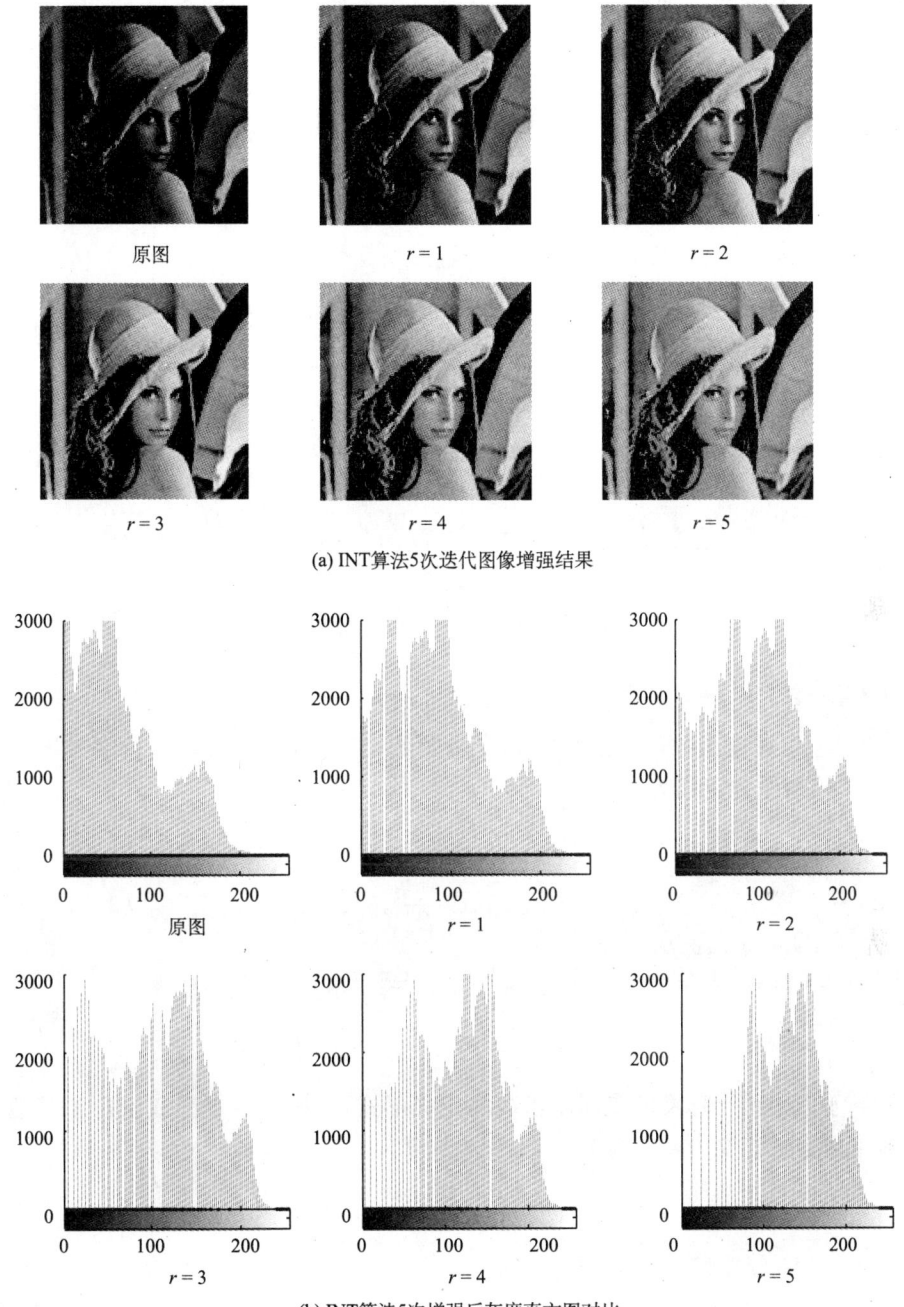

(a) INT算法5次迭代图像增强结果

(b) INT算法5次增强后灰度直方图对比

图 3-2 S. K. Pal算法图像模糊增强结果

除了经典模糊增强算法中的隶属度函数定义形式外，研究者们又提出来许多新的或者类似的隶属度函数定义形式，其中有两种标准的隶属度函数类型："S"型或"π"型。

对于一幅大小为 $M \times N$ 的双峰图像 X，设其灰度值最大值为 g_{max}，这代表着图像中的亮物体；灰度最小值为 g_{min}，代表着图像中的暗背景。这种情况则适合使用"S"型隶属度函数。

$$S(g_{mn};a,b,c) = \begin{cases} 0, & g_{mn} \leqslant a \\ S_1, & a < g_{mn} \leqslant b \\ S_2, & b < g_{mn} \leqslant c \\ 1, & g_{mn} > c \end{cases} \quad (3\text{-}18)$$

其中

$$S_1(g_{mn};a,b,c) = \frac{(g_{mn}-a)^2}{(b-a)(c-a)} \quad (3\text{-}19)$$

$$S_2(g_{mn};a,b,c) = 1 - \frac{(g_{mn}-c)^2}{(c-a)(c-b)} \quad (3\text{-}20)$$

这里，$b = \frac{a+c}{2}$；$a = g_{min}$；$c = g_{max}$。

"π"型隶属度函数适用的情况是多峰图像，它可以很有效地进行隶属度值的分配。"π"型函数定义为

$$\pi(g_{mn};a,b,c) = \begin{cases} 0, & g_{mn} \leqslant a \\ S\left(g_{mn};a,\frac{a+b}{2},b\right), & a < g_{mn} \leqslant b \\ 1 - S\left(g_{mn};c,\frac{c+b}{2},b\right), & b < g_{mn} \leqslant c \\ 1, & g_{mn} > c \end{cases} \quad (3\text{-}21)$$

基于以上两个标准的隶属度函数的定义形式，一些学者提出或引用了其他的隶属度函数的定义方式，诸如

$$\mu_{mn} = \begin{cases} 0, & g_{mn} = 0 \\ 2\left(\frac{g_{mn}}{k \cdot g_{max}}\right)^2, & 0 \leqslant g_{mn} \leqslant k\beta \\ 1 - 2\left[\frac{g_{mn}-g_{max}}{(2-k) \cdot g_{max}}\right]^2, & k\beta \leqslant g_{mn} \leqslant g_{max} \\ 1, & g_{mn} = g_{max} \end{cases} \quad (3\text{-}22)$$

其中，$\beta=\frac{1}{2}g_{max}$；k 是一个权重系数。以及 Tito G. Amaral 等定义的[80]：

$$\mu_{mn}=\begin{cases}0, & g_{mn}\leqslant a\\ 2\left(\dfrac{g_{mn}-a}{c-a}\right)^2, & a\leqslant g_{mn}<b\\ 1-2\left(\dfrac{g_{mn}-c}{c-a}\right)^2, & b\leqslant g_{mn}\leqslant c\\ 1, & g_{mn}\geqslant c\end{cases} \quad (3\text{-}23)$$

从以上定义的各种隶属度函数中可以发现这些隶属度函数的定义可以将变换后的灰度级隶属度限定在[0,1]区间上，从而能有效地克服 S. K. Pal 算法中部分灰度信息丢失的缺陷，但计算量仍然相对比较大。

研究者们不断地在各种应用中进行实验，以找到更好的隶属度修正函数来实现各种增强目的。在不断的实验中，发现隶属度函数对模糊增强处理的影响主要在运算速度上，其对隶属度值的修正效果影响较小。也就是说，隶属度函数的定义并不能明显地影响图像的增强效果，它的简单与否只是决定了计算机的运算量的大小，鉴于此，一些学者提出了如下更为简单的隶属度函数定义，主要克服了隶属度计算量大的缺点，如式(3-24)所示：

$$\mu_{mn}=\frac{g_{mn}}{g_{max}} \quad (3\text{-}24)$$

还有 H. R. Tizhoosh 等提出的[81]

$$\mu_{mn}=\frac{g_{mn}-g_{min}}{g_{max}-g_{min}} \quad (3\text{-}25)$$

可见以上这些隶属函数的定义中只涉及原图像中的灰度最大值和最小值，这是为了保证隶属度的定义在[0,1]区间上，计算量大大缩减，提高运行速度。很有效地克服了 S. K. Pal 算法中运算量大的缺陷。

陈武凡等在研究图像边缘检测时为了得到更好的检测效果引入广义模糊集的定义，并提出了新的隶属度函数的定义方式，一方面克服经典模糊增强处理中部分灰度信息丢失的缺陷，另一方面使用简单有效的函数，使计算简单，提高运行速度。其隶属度定义式如下：

$$\mu_{mn}=\sin\left[\frac{\pi}{2}\left(1-\frac{g_{max}-g_{mn}}{D}\right)\right] \quad (3\text{-}26)$$

其中，$D<\frac{g_{max}-g_{min}}{2}$，以后与之相类似的隶属度函数定义方式也已被有效采用。

还有一些形式的函数定义在某些处理目的应用中被证实也是很有效的，例如王晖等采用的定义形式[82,83]：

$$\mu_{mn} = \frac{g_{mn} - D}{g_{max} - D} \tag{3-27}$$

其中,$D < \frac{g_{max} - g_{min}}{2}$。

另外,隶属度函数也可以根据所研究的领域通过统计实验得到,由于增强目的和图像特点的不同,在选择隶属度函数的定义形式时就要具有一定针对性,根据研究对象选择不同的隶属度。

在以上所分述的各个隶属度函数的定义中,我们可以看到,几乎每个隶属度函数中都含有一个可变参数,这个参数控制着隶属度曲线的变化,这个参数的选择通常跟待处理的图像特点有着直接的关系,有针对性地选择一个恰当的参数值,将对增强处理效果有着直接影响,因此,参数的选择比较关键。在实际应用中如何能够快速准确地选择出最佳参数,这就要针对具体的需要来研究确定。

2. 模糊理论中增强算子的改进

在以上的分析中主要说明的是隶属度函数在图像增强处理中地位作用,在模糊增强处理技术中,除了隶属度函数以外,还有一个重要的环节就是模糊增强算子的应用。模糊增强算子决定要对模糊平面做一个怎样的处理,以及处理哪个区域的模糊特征平面,这与待处理图像有着直接的关系。下面给出两类最基本也是最常用的模糊增强算子。

(1) 同式(3-15)的定义,这个增强算子的定义主要是用于图像的对比度增强。这类增强算子的作用都是针对图像对比度增强的目的来进行研究的,很多学者在式(3-15)的基础上对其做了修改,主要是依据图像的特点和特性,有针对性地改进,以达到研究目的。

(2) 陈武凡等在研究图像边缘检测算法时,引入了广义模糊集的概念,定义了新的隶属度函数和广义模糊增强算子(GFO),在图像边缘检测的应用中取得了比较好的处理效果[84]。将广义模糊隶属度映射到普通模糊隶属度,如下所示:

$$\mu'_{mn} = GFO(\mu_{mn}) = \begin{cases} \sqrt{1 - (1 + \mu_{mn})^\beta}, & -1 \leqslant \mu_{mn} < 0 \\ (\mu_{mn})^\beta, & 0 \leqslant \mu_{mn} \leqslant r \\ \sqrt{1 - \alpha(1 - \mu_{mn})^\beta}, & r < \mu_{mn} \leqslant 1 \end{cases} \tag{3-28}$$

其中,$\beta > 1; \alpha > 0$。参数 β 和 α 是可以通过给定 β 值,根据后两式分界点 r 的取值来进行耦合计算得出,一般情况下,分界点 $r \in [0.5, 0.1]$。

实际上,这同样是一个图像模糊增强的过程,与(1)不同的是,在增强过程中(1)需要多次调用式(3-14),来实现较好的处理效果,式(3-28)则不需要多次递归调用,它对增强曲线的控制是通过参数 β 来实现的,以达到增强的目的。

当 $\beta \to 0$ 时，有

$$\mu'_{mn} = \begin{cases} 1, & -1 \leqslant \mu_{mn} < 0 \\ 0, & 0 \leqslant \mu_{mn} \leqslant r \\ 1, & r < \mu_{mn} \leqslant 1 \end{cases}$$

当 $\beta > 1$ 时，有 $\mu'_{mn} > \mu_{mn}$，若 $-1 \leqslant \mu_{mn} < 0$ 或 $r < \mu_{mn} \leqslant 1$；$\mu'_{mn} < \mu_{mn}$，若 $0 \leqslant \mu_{mn} \leqslant r$，$\mu'_{mn} > \mu_{mn}$。

下面针对这种 GFO 算子对图像进行灰度增强，参数取 $r=0.5$、$\beta=2$、$\alpha=3$，仿真结果如图 3-3、图 3-4 所示。

原始灰度图

GFO 算子增强后灰度图

图 3-3　GFO 算子对人物图像增强前后灰度图对比

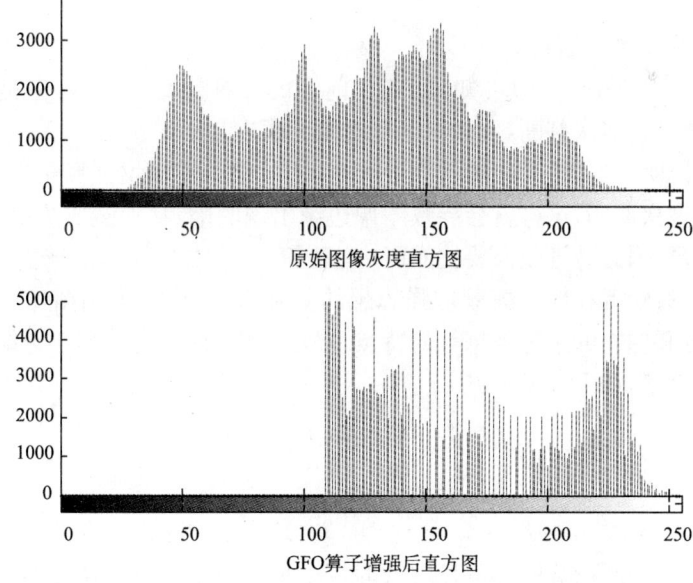

图 3-4　GFO 算子对人物图像灰度增强前后直方图对比

由图可见,利用 GFO 算子在增强时,最主要的作用就是有利于图像的边缘检测,本质上相当于减小了所选择的灰度范围内的像素的灰度值,而增大了这一灰度范围外的灰度值,很好地增强了灰度对比度,突出了图像的边缘信息。

王晖等在将图像从空间域变换到广义模糊域的过程中采用的是一种升半梯形隶属度函数,同式(3-27),增强算子采用式(3-28)然后再取参数 $\beta=2$、$\alpha=2$ 对图像进行处理。

另外,韩培友等在 GFO 算子定义的基础上又提出一种双线性 GFO,以达到快速边缘检测的目的[85]:

$$\mu'_{mn} = \mathrm{LGFO}(\mu_{mn}) = \begin{cases} -\dfrac{1}{2}\mu_{mn} + \dfrac{1}{2}, & -1 \leqslant \mu_{mn} < -\dfrac{1}{2}(r+1) \\ -\dfrac{3}{2}\mu_{mn} - \dfrac{1}{2}r, & -\dfrac{1}{2}(r+1) \leqslant \mu_{mn} < -\dfrac{1}{2}r \\ -\dfrac{1}{2}\mu_{mn}, & -\dfrac{1}{2}r \leqslant \mu_{mn} < 0 \\ \dfrac{1}{2}\mu_{mn}, & 0 \leqslant \mu_{mn} < \dfrac{1}{2}r \\ \dfrac{3}{2}\mu_{mn} - \dfrac{1}{2}r, & \dfrac{1}{2}r \leqslant \mu_{mn} < \dfrac{1}{2}(r+1) \\ \dfrac{1}{2}\mu_{mn} + \dfrac{1}{2}, & \dfrac{1}{2}(r+1) \leqslant \mu_{mn} \leqslant 1 \end{cases}$$

(3-29)

其中,r 为可调参数,值域为(0,1)。

比较式(3-28)和(3-29)可知,后者比前者的计算要简单许多,但是分段比较多,处理时要经过多次判断,反而在运行时间上改进甚小。

这里来说明一点,进行边缘检测处理时,用一般的模糊增强算子也是可以的,但是要进行多次调用,这样就会导致图像边缘出现收缩,从而造成边缘断裂,这是不希望的结果,因此处理效果要比 GFO 差很多。

另外,也有学者在广义模糊增强思想的基础上,同时考虑到图像中的像物信息、背景信息和像物的边缘信息等的特点,提出了更快捷、更有利于边缘检测效果的模糊增强算子,如下式所示:

$$\mu'_{mn} = \begin{cases} 1 - 2 \cdot (1-\mu_{mn})^2, & 0 \leqslant \mu_{mn} \leqslant r \\ 2 \cdot (\mu_{mn})^2, & r \leqslant \mu_{mn} \leqslant 1 \end{cases} \quad (3\text{-}30)$$

在使用式(3-30)增强后,$\mu'_{mn} \in [-1, 2]$,这个区间超出了标准区间[0,1],这并不符合模糊增强理论的定义,在此处的作用是相当于拉大了计算处理区域。根据实际图像中高灰度的物体域、低灰度的背景域,以及高梯度的边缘区域的整体特

点，这里先不对 μ'_{mn} 的取值进行转换或截断，而通过

$$g'_{mn} = \mu'_{mn} g_{\max} \qquad (3\text{-}31)$$

这样一个反变换过程将其转换到图像准灰度域，如此得到的灰度值同样会超出标准域[0，255]，这相当于把图像的物体域和背景域放到了标准区域以外。这里相当于先不考虑其是否超出图像标准域的问题，而是照常对其进行变换，即直接采用边缘提取算子对边缘信息进行操作，最后再把提取到的边缘信息进行截断处理，如式(3-32)：

$$g''_{mn} = \begin{cases} 0, & g''_{mn} < 0 \\ 255, & g''_{mn} > 255 \end{cases} \qquad (3\text{-}32)$$

从而将图像数据转换到图像的空间域即图像的灰度域。

3.3.3 矿井图像的模糊增强中的应用及仿真分析

根据以上对各种改进的模糊隶属度函数及模糊增强算子的分析，我们研究发现采用不同的隶属函数对增强效果并没有很大影响，现在以煤矿图像为背景，来实现煤矿图像的增强应用。为克服经典 S.K.Pal 算法的缺陷，本节采用一种升半梯形模糊分布来求 μ_{mn}，即

$$\mu_{mn} = \frac{g_{mn} - D}{g_{\max} - D} \qquad (3\text{-}33)$$

其中

$$D \leqslant \frac{g_{\max} - g_{\min}}{2} \qquad (3\text{-}34)$$

$g_{\max}$ 为灰度值的最大值；$g_{\min}$ 为灰度值的最小值。在式(3-34)的制约下，式(3-33)中的 $\mu_{mn} \in [-1,1]$，符合广义隶属度函数的定义。式(3-33)是一个简单的线性函数，与经典算法相比，运算速度将大大提高。

基于以上隶属度函数的特点，对增强算子做如下设计：

$$\mu'_{mn} = \begin{cases} \sqrt{1-(1+\mu_{mn})^2}, & \mu_{mn} < 0 \\ \mu_{mn}^2, & 0 \leqslant \mu_{mn} < r \\ \sqrt{1-2\cdot(1-\mu_{mn})^2}, & r \leqslant \mu_{mn} \leqslant 1 \end{cases} \qquad (3\text{-}35)$$

这里是选定式(3-28)中参数 $r=0.2956$、$\beta=2$、$\alpha=2$，其中 r 值的选取是考虑到分段函数式(3-35)中的后两式在 r 值两端的连续性得到的。这里 D 值的选取与图像有着直接的关系。由于图像的千差万别，因此不可能找到一个最好的 D 值来适合所有的图像。对于同一幅图像，D 值的选择不同就会将原始图像映射为不同隶属

度,就会对不同的灰度区间做增强处理,从而影响到图像的后续处理,因此合适的 D 值的选择对图像处理有着比较重要的影响。本节中经过对煤矿选矸图像的反复实验,选择相对处理效果比较好的增强后图像的 D 值来做处理,最终得到一个相对比较满意的处理效果,这里选择的 D 值取为 70。

根据上述算法,本节选用一幅煤矿图像来进行仿真分析,并与经典算法仿真效果进行比较,由于图像增强的针对性比较强,再者本节中对煤矿图像进行增强处理的主要目的是要明显地改善图像的视觉效果,以有利于工业视频监控,这里主要以人的视觉感知来主观评价增强处理的效果。

仿真实验环境为 Pentium® Dual-Core CPU E5300 @ 2.60GHz 2.59GHz,1.99GB 内存的硬件环境和 MATLAB 7.1 的软件环境,实验结果如图 3-5、图 3-6 和图 3-7 所示。

图 3-5 原始选矸图像

图 3-6 矿井图像增强效果

图 3-7 S.K.Pal 算法得到的增强图像效果

由实验图像可以看到,S.K.Pal 算法得到的增强后的图像(图 3-7),总体变亮,虽然较原图有一定改善,但是,视觉效果上还是比较差,尤其是皮带上煤块的图像质量达不到视觉上相对清晰的效果,对煤块的大小的分辨效果比较差;通过本节算法得到的图像(图 3-6)皮带上煤块相对比较突出,煤块的轮廓相比原始图像清晰许多,大部分可以分辨出其大小,虽然人物及周围场景增强效果不是很好,但是重点突出了皮带上煤块部分的视觉效果,可以较好地分辨煤块,这就满足了增强目的。当然在实际应用中我们更希望得到整体相对比较满意的图像,这就需要有针对性地进一步来研究,以期取得更好的整体处理效果。

3.4 基于模糊理论和小波的图像增强算法的分析与仿真

煤矿井下粉尘多、光照差的恶劣环境往往使得矿井监控图像偏暗、对比度低、视觉效果差,针对矿井图像的这些特点,本节选择小波为工具,结合模糊理论来进行图像效果的增强。

小波变换是一种数学工具,是一种多分辨率分析问题的方法[86],并在近年来得到了广泛应用。小波在时域和空域内都具有较强的表征信号局部特征的能力,利用小波可以将要强调或改进的问题聚焦到所分析对象的任意细节。对数字图像进行小波分解,实质上就是在频域上把数字图像信号分解成在不同频带范围内的图像分量,每一级的小波分解都将待分解图像分解成四个子带,能够很好地分离出表示图像细节信息的高频分量和表示图像轮廓信息的低频分量。因此,利用小波变换,我们可以在不同的尺度上采用不同的方法有针对性地处理问题所在频率范围内的图像细节分量,再对处理后图像的各个分量进行小波重构,这样就能够既突出图像的细节特征,又突出图像的轮廓。

3.4.1 小波变换理论分析

法国地球物理学家 Morlet 于 20 世纪 80 年代初在分析地球物理信号时,将小波变换作为一种信号分析的数学工具,这是最早的小波变换应用,由此小波变换便被提出,到 80 年代中后期获得了较快发展,目前已成为一个重要的数学分支。小波分析的出现是传统傅里叶分析进展的里程碑式的标志,是半个世纪以来调和分析这一数学领域的工作结晶。小波可以作为表示函数的一种新的基底,各种信号都可以利用小波分解到最底层,可以多方向、多层次,处理起来相互之间影响小,使对信号的处理更具体化。小波在时域和频域都是一种有力的分析工具,被誉为"数学显微镜"。此外,它已成为继傅里叶变换以来在科学方法上的一个重大突破,成功地解决了傅里叶变换所不能解决的许多难题。

1. 连续小波基函数

小波(wavelet),通俗地讲就是指小区域的波,并且其波形的长度有限、平均值为零。所谓"小"是指它具有衰减性;而称之为"波"则是指它的波动性,其振幅正负相间的振荡形式。小波分析的基本思想是用一族函数去表示或逼近某个信号或函数,这族函数称为小波函数集,它通过对基本小波基数不同尺度的平移和伸缩构成。

小波函数的标准定义为:设 $\psi(t)$ 为一平方可积函数,即 $\psi(t) \in L^2(\mathbf{R})$,如果 $\psi(t)$ 的傅里叶变换 $\hat{\psi}(\omega)$ 满足条件:

$$C_\psi = \int_R \frac{|\hat{\psi}(\omega)|^2}{|\omega|} d\omega < \infty \tag{3-36}$$

则称 $\psi(t)$ 为一个基本小波或小波母函数,并称式(3-36)为小波函数的可容许性条件。

通过尺度因子为 a,平移因子为 τ 对小波母函数 $\psi(t)$ 进行伸缩和平移运算后得到变换后的函数,记为 $\psi_{a,\tau}(t)$,则

$$\psi_{a,\tau}(t) = \frac{1}{\sqrt{a}} \psi\left(\frac{t-\tau}{a}\right), \quad a,\tau \in \mathbf{R}, \quad a > 0 \tag{3-37}$$

其中,$\psi_{a,\tau}(t)$ 为小波基函数,它依赖于参数 a、τ。由于尺度因子 a 和平移因子 τ 均取连续变化的值,因此又称 $\psi_{a,\tau}(t)$ 为连续小波基函数,它们是由同一母函数 $\psi(t)$ 经伸缩和平移后得到的一族函数系列。

2. 连续小波变换

将 $L^2(\mathbf{R})$ 空间的任意函数 $f(t)$ 在小波基下进行展开,称这种展开为函数 $f(t)$ 的连续小波变换(continue wavelet transform, CWT),其表达式为

$$WT_f(a,\tau) = \langle f(t), \psi_{a,\tau}(t) \rangle = \frac{1}{\sqrt{a}} \int_R f(t) \cdot \psi\left(\frac{t-\tau}{a}\right) dt \tag{3-38}$$

当所用小波的容许性条件成立时,连续小波变换存在逆变换,逆变换公式为

$$f(t) = \frac{1}{C_\psi} \int_0^{+\infty} \frac{da}{a^2} \int_{-\infty}^{+\infty} WT_f(a,\tau) \cdot \psi_{a,\tau}(t) d\tau$$

$$= \frac{1}{C_\psi} \int_0^{+\infty} \frac{da}{a^2} \int_{-\infty}^{+\infty} WT_f(a,\tau) \cdot \frac{1}{\sqrt{a}} \psi\left(\frac{t-\tau}{a}\right) d\tau \tag{3-39}$$

其中,$C_\psi = \int_R \frac{|\hat{\psi}(\omega)|^2}{|\omega|} d\omega < \infty$ 就是对 $\psi(t)$ 提出的容许性条件。

3. 离散小波变换

连续小波变换中的尺度因子和平移因子都是连续变化的实数,在应用中需要计算连续积分,在处理数字信号时很不方便,因此在实际应用中,很多情况需使用离散小波变换进行分解。

把小波函数 $\psi_{a,\tau}(t)$ 中的参数 a、τ 离散化便得到了离散小波,参数 a、τ 的离散

形式为

$$a = a_0^j, \quad \tau = ka_0^j\tau_0, \quad j,k \in \mathbf{Z}, \quad a_0 \neq 1 \qquad (3\text{-}40)$$

因此,对应的离散小波函数 $\psi_{j,k}(t)$ 为

$$\psi_{j,k}(t) = a_0^{\frac{j}{2}} \psi(a_0^{-j}t - k\tau_0) \qquad (3\text{-}41)$$

对任意的函数 $f(t)[f(t) \in L^2(\mathbf{R})]$,其离散小波变换系数可表示为

$$C_{j,k} = WT_f(j,k) = \int_{-\infty}^{+\infty} f(t) \cdot \psi_{j,k}(t)\mathrm{d}t = \langle f(t), \psi_{j,k}(t)\rangle \qquad (3\text{-}42)$$

式(3-42)称为离散小波变换(discrete wavelet transform,DWY)。其重构公式(逆变换)为

$$f(t) = C\sum_{-\infty}^{+\infty}\sum_{-\infty}^{+\infty} C_{j,k}\psi_{j,k}(t) \qquad (3\text{-}43)$$

其中,C 是一个与信号无关的常数。

3.4.2 基于小波和模糊理论图像增强的算法分析

小波变换[87]是一种新颖的数学处理工具,具有多尺度、多分辨率的固有特性,它在图像处理中表现出以下优点:小波变换在将数字信号进行充分分解的同时,既能保证不丢失信息,又能保证不会增加冗余信息,具有比较完善的重构能力;经小波变换对图像分解后的信息进行分类,可以分成细节图像和轮廓逼近图像之和,它们分别代表了图像的不同信息和结构,因此,使用者很容易提取出原始图像中感兴趣的结构信息和细节信息;二维小波分解为图像的分析提供了良好的方向选择性。通过二维小波对图像进行分解后,可得到 LL、LH、HL 和 HH 四个子频带,其中 LL 集中了原始图像中的主要低频信息;LH 反映的是水平方向高频信息;HL 反映的是垂直方向的高频信息;HH 反映的是对角线方向的高频信息。低频信息部分反映的图像的整体轮廓信息,属于平滑区,人也都是从低频信息中来获得整体的视觉感受;高频信息反映的是图像的细节、边缘[88],同时噪声也都存在于高频部分。由此可见,对低频信息的处理主要改善的是图像的整体视觉效果,增强灰度对比度的同时并不会增强图像中的噪声信息,也不会影响图像的细节信息。基于小波的这种算法思想,将图像小波分解成高频和低频信息两部分,分别进行处理。

针对矿井图像的特点,结合这段时间以来对图像增强的研究实验,现在基于小波和模糊理论来对矿井图像进行分层次处理,具体的处理流程如图 3-8 所示。

1. 高频分量模糊增强处理

图像中一般都含有不同程度的噪声信息,我们在使用小波对图像进行分解的

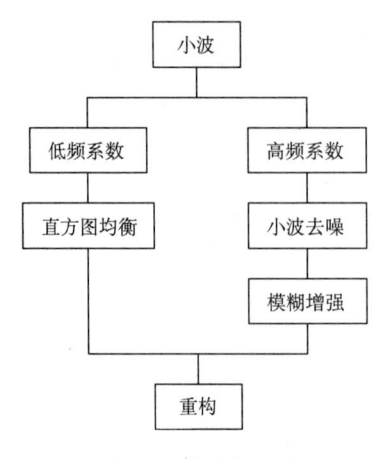

图 3-8 算法流程图

同时也将噪声进行了分解,噪声多分布在高频区,而高频部分又影响着图像的细节特征,因此噪声的影响相对来讲比较大,所以在对高频进行模糊增强前首先要对小波进行去噪处理。

小波去噪[89]的根本任务就是从小波分解出的高频信息中有效地分离出信号的小波变换信息和噪声的小波变换信息。1992 年,Donoho 和 Johnstone 提出了小波阈值收缩(wavelet shrink)方法,并给出了系统的理论指导。这种方法的主要思想是:取高频信息的系数计算其均方差,由于噪声信息的系数与有用信息的系数相差比较大,计算得到的均方差就会比较大,然后确定某一个系数值,使大于这个数值的所有系数的均方差达到最小,则该值就是所要选取的阈值。可以看出,该算法的计算量比较小,节省运算时间,并且经过前人实验证明具有较好的视觉效果,因此,在实际应用中得到了广泛推广使用。

小波阈值收缩法去噪主要依据的理论是小波变换特别是正交小波变换具有很强的去数据相关性。小波的这种去数据相关性可以将信号能量集中分布,主要体现在一些大系数的分量中,而将噪声能量集中在一些小系数的分量中,这样,我们就可以认为,分量中系数大的是信号分量,而系数小的是噪声分量。在去除噪声的时候只要经过一定的处理将分量中大部分系数小的降为零,而保留大系数分量,这样就去除了噪声,将噪声与信号有效分离。

阈值的确定是小波收缩去噪最关键的一步,阈值过小,图像欠平滑,去噪后的图像仍有噪声存在;阈值过大,会使图像过于平滑,图像的细节特征可能丧失,使得重建图像变得模糊,这样我们为了能保证较好的噪声消除的同时,又能保证重要信息的完整,对阈值的选择决定时就要做比较多的工作。阈值确定的方法有很多种,常用的如 VisuShrink 阈值法、极小化风险阈值法、假设检验法和 BayesShrink 阈值法等。

在对小波系数进行处理时,关键的是问题是选取一个阈值,用这个阈值来将信号分量与大部分的噪声分量分离开,以更有效地去除噪声分量的影响,同时保证信号信息的完整性。很多学者对阈值的选择进行了大量的研究,以确定一种通用的或者效果好的选择阈值方法。对学者们提出的各种阈值算法进行总结分类,主要分为软阈值函数、硬阈值函数和半软阈值函数,它们各有优劣,对比如表 3-1 所示。

表 3-1　阈值去噪函数的优缺点

函数	优点	缺点
硬阈值函数	可以很好地保留信号或图像的边缘等局部特征	会使结果出现振铃、伪吉布斯效应等视觉失真，出现"伪"噪声点
软阈值函数	结果图像相对平滑很多	导致图像边缘模糊等失真现象
半软阈值函数	保留了较大系数，而且具有连续性	需要确定两个阈值，增加了计算的复杂度

本节对图像进行处理的主要目的是要增强图像信息，改善图像视觉效果，小波去噪的主要目的就是去除噪声的影响，为了能够达到较好的图像增强效果，对比三种阈值去噪方法的优缺点，本节选择可以平滑图像的软阈值去噪函数，而且这种算法简单，可以节省运行时间，提高实效性。软阈值函数的公式表示为

$$\mu_T(\omega_{ij}) = \begin{cases} 0, & |\omega_{ij}| < T \\ \text{sgn}(\omega_{ij}) \cdot (|\omega_{ij}| - T), & |\omega_{ij}| > T \end{cases} \quad (3-44)$$

其中，T 为阈值；$\text{sgn}(x)$ 为符号函数；ω_{ij} 为小波系数。

阈值确定方法，本节采用通用阈值法，即 $T = \sigma_n \sqrt{2\log(N)}$，这里 σ_n 代表噪声标准差，N 是给定图像中高频信息小波分量的系数个数之和。为了能够有效地去除噪声，同时又能保证相对简单运算以减少运行时间，本节处理图像的过程中，对图像噪声的估计采用 Donoho 提出的噪声标准差鲁棒中值估计，计算式为 $\sigma_n = MAD/0.6745$，其中 MAD 是对原始图像第一次小波分解得到的小波系数的中值。这种算法简单，计算量小，同时又能够取得较好的去噪效果。

经过软阈值去噪对高频信息进行去噪处理以后，就可以认为处理后保留下来的高频系数基本上都是图像细节信息，不会造成图像细节信息和边缘信息的模糊，然后再对高频部分进行模糊增强。在上一节中，对传统的模糊增强理论进行了分析，在肯定其优点的同时，也指出了不足与缺陷，尽管如此，其对图像处理的能力还是不容商榷的。鉴于此，结合长久以来对各种模糊增强理论的学习，本节在此基础上针对煤矿图像的特点，采用改进后的增强算法来对高频系数进行模糊增强。具体算法如下：

(1) 通过之前对模糊隶属度函数定义的各种形式的分析，知道采用不同的隶属度函数对增强效果并没有太大的影响，但是隶属函数的形式对处理速度的影响比较大，为了减少算法的复杂度，从而减少程序的运行时间，本节中采用定义较为简单的隶属度函数，如下：

$$\mu_{ij} = \frac{\omega_{ij} - \omega_{\min}}{\omega_{\max} - \omega_{\min}} \quad (3-45)$$

其中，ω_{ij} 为高频小波系数；$\omega_{\min}$ 为高频小波系数中最小的系数值；$\omega_{\max}$ 为高频小波系数中最大的系数值。

(2) 定义非线性变换函数如下:

$$\mu'_{ij} = T_r(\mu_{ij}) = T_r(T_{r-1}(\mu_{ij})), \quad r = 1, 2, 3, \cdots, L \qquad (3\text{-}46)$$

其中

$$T(\mu_{ij}) = \begin{cases} \dfrac{\mu_{ij}^2}{\mu_c}, & 0 \leqslant \mu_{ij} \leqslant \mu_c \\ 1 - \dfrac{(1-\mu_{ij})^2}{1-\mu_c}, & \mu_c \leqslant \mu_{ij} \leqslant 1 \end{cases}$$

该函数的结果是当 $\mu_{ij} > \mu_c$ 时增大 μ_{ij} 的值或者当 $\mu_{ij} < \mu_c$ 时减小 μ_{ij} 的值。这一点与经典模糊增强算法相似,这里 μ_c 为可变参数,它的取值范围在[0,1],该参数控制着模糊增强的区域范围,μ_c 的确定决定了哪部分的系数值是要增强的,哪部分系数值是要削弱的,从而增强感兴趣区域的信息的小波系数值,模糊相对低系数的区域,突出重要的细节信息。同时,由该变换式可以得到经过变换处理后,μ_{ij} 的取值被限定在区域[0,1]上,克服了经典模糊增强算法中丢失部分信息的缺陷。而且该式的复杂程度比经典算法要小很多,计算时间较小,提高了图像增强处理的实时性。

由于高频部分具有三个分开的单方向[90]:水平、垂直和对角线方向,即 LH、HL、HH 三个子带。这里就要对三个分量的信息分别利用模糊增强算法来进行增强处理。该算法主要就是利用小波的多尺度、多方向的特性,将图像信息细分,分离出感兴趣的信息,然后对有用信息进行增强处理。同时,由于小波分解出多方向的有用信息,在对其进行处理时就要分方向进行讨论处理。高频信息分解为三个方向,就要对每一个方向分别进行模糊增强处理,而每一个方向的信息分布情况是不同,这样在做模糊增强处理时就要会有不同的也可能相同的最佳参数值,这对于研究者来说也是一个考验,要经过大量的实验来选择出最佳参数值,以使实验得到相对较好的处理结果。

2. 低频分量直方图增强处理

灰度直方图均衡化是传统图像增强技术中的经典算法,它的主要原理是,对灰度图像的直方图利用一定的变换进行处理,使图像的直方图均匀分布或者是基本均匀。这种算法改善的是灰度图像的整体视觉效果,在对图像信息进行处理的同时,对噪声信息也进行了增强处理,这在一定程度上又影响了图像的增强处理效果,在某些需求中是不可取的。因此,为了既能改善图像的整体视觉效果,又能抑制或者保持噪声原信息,就要把噪声信息与反映图像整体的信息进行分离,然后再对图像信息进行灰度直方图均衡。基于这一算法思想,更说明了小波分解图像信息的有效性。

图像的整体视觉感受是由图像的低频信息来决定的,低频信息主要表现的就是图像的逼近信息,即轮廓信息。对于高亮度图像,它本身的灰度范围多集中在高灰阶处，因此存在对比度差。对其增强的主要目的就是调整灰度范围，增强对比度，从而达到改善视觉效果的目的。在这里，本节对经过小波分解后的低频信息进行直方图均衡化处理，增大低频信息的灰度动态范围，增强对比度。这里表达图像低频信息的就是 LL 子带图，处理时对高频信息不会产生影响，保持了完整的细节信息。所以通过直方图均衡在增强对比度的同时，并不会产生灰度级合并及放大噪声的问题。然后由直方图均衡后的 LL 子图与模糊增强后的 HL、LH、HH 三个子图进行小波重构，就产生了增强处理效果图。

3.4.3 实验结果及分析

对小波分解出来的低频信息图像及对其进行均衡后的图像处理效果如图 3-9 所示。

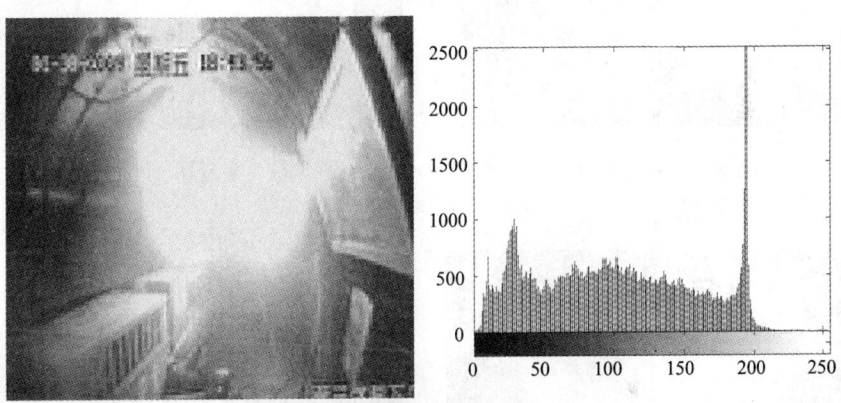

(a) 小波分解出的低频系数图片及直方图

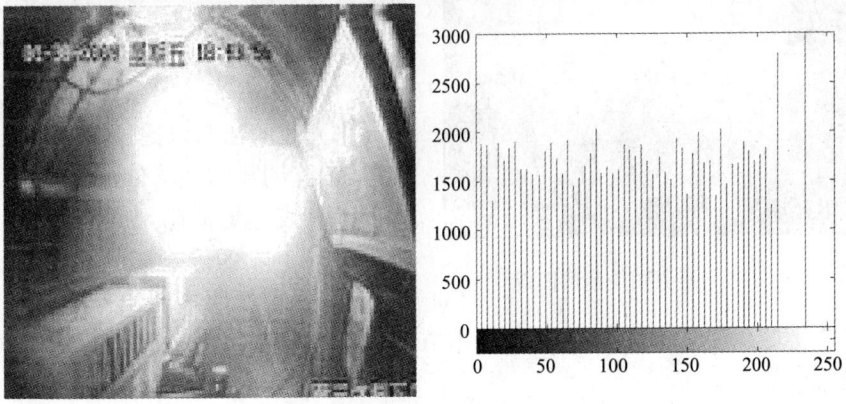

(b) 低频系数均衡化以后的图像及直方图

图 3-9　小波分解处理的低频图像及其处理后图像

由图 3-9 可以看出,原低频信息图像整体灰度对比度偏差,整体亮度偏暗,在经过直方图均衡以后图像灰度对比度提高,整体亮度有所改善,灰度动态范围扩大,具有较好的增强效果。

对高频信息和低频信息分别进行处理之后,再经过小波重构,得到最终处理的图像,如图 3-10、图 3-11 所示。

图 3-10 原始图像

图 3-11 本节算法处理后图像

图 3-12 直方图均衡后图像

从图 3-10 和图 3-11 可以看出,原来的矿井图像中由于井内光线与外界相差很大,导致视觉上井口光线比较突出刺眼,这样比较不适于监控观看,而且越是在井里口,就是在比较远离井口的位置,光线就会越暗,一些细节就显示不出来。通过本节算法改进后的图像如图 3-11 所示,整体看上去光线柔和许多,有效抑制了原来光线的强弱对比强烈导致刺眼的问题,消除明显的亮暗分区的感觉,使图像的细节表达更清晰,如图上左边的电缆。与图 3-12 的传统直方图均衡处理结果相比,也可以明显看出本节算法优于传统直方图均衡。比较之后,得出经本节算法处理之后的图更适合于监控观看,并且效果较好。

第4章 矿井应用层组播网络中的应用层 FEC 控制研究

矿井巷道结构复杂、电磁干扰严重等特点,使得数据传输的可靠性在矿井下的应用受到挑战。并且,矿井多媒体视频传输过程中,大容量实时视频流的传输对网络带宽也有比较高的要求,在没有拥塞控制机制的"尽力而为"的通信网络,考虑到视频源的时变特性,在视频流传输过程中不可避免会发生丢包或者误码事件。由于视频压缩编码过程中采用了运动补偿和可变长编码技术,视频数据在传输过程中一旦出现丢包或者误码,就会影响与此相关数据的解码重建,形成"误码扩散",严重影响解码端的质量。因此,本章和随后章节主要分析视频数据的差错控制技术,并结合矿井流媒体系统的结构和工作原理,重点研究前向纠错技术(forward error correction,FEC)和差错隐藏技术(error concealment,EC)。

4.1 视频传输中的差错控制技术

4.1.1 研究的意义

当前,大部分视频标准都采用了基于宏块的帧间预测和运动补偿技术,即采用运动预测和运动补偿消除时间冗余;采用变换编码消除空间冗余;通过对色度空间的转换消除色度空间的冗余。同时,对变换系数进行量化,再对量化后的非零系数进行变长编码或者是熵编码,以减少统计意义上的冗余,最后获得压缩后的比特流[43,44]。

这些编码方法减少了大量的冗余信息,但同时也在压缩码流中不同部分的视频数据之间形成了很强的解码依赖性。由此产生的直接后果是:因网络传输差错造成的部分数据包丢失或损坏会导致另外一些与之相关的视频数据即使被正确接收也无法使用。例如,通常视频帧有帧内(intra-frame)和帧间(inter-frame)两种编码方式。采用帧内编码方式的帧可以独立解码,而采用帧间编码方式的帧则必须在其所依赖的全部参考帧被正确接收后方可正常解码,否则将产生所谓的错误传播现象。由于使用运动补偿预测,一个错误恢复的样点会导致同帧中的预测点和后续帧中的预测点发生错误,这样的错误不只是在时间上的错误传播,也会由于基于运动补偿的预测在空间上产生错误积累,如图 4-1 所示。同时,由于采用变长编码,丢包会导致帧中大面积的破坏。

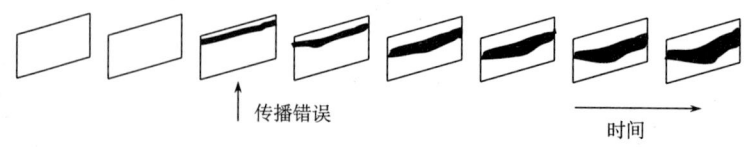

图 4-1　错误的时空积累

编码以后的视频码流对误码特别敏感,误码会导致恢复图像质量的急剧下降,引起整帧图像、甚至后续图像的不可恢复,最终导致视频通信的中断。研究表明,3%的 MPEG 数据包丢失可能导致 30%的数据帧无法解码。由此可见,编码后的视频数据对抗差错的能力十分脆弱,必须采用适当的措施来减小或消除信道传输差错。

4.1.2　差错控制技术分析比较

当前视频传输中的差错控制技术从使用的位置和方式上可以分成四类[44,45]:

（1）传输层和应用层差错控制,包括信道编码器、打包器以及传输协议,主要采用的形式为前向纠错和自动重传。

（2）编码器差错复原编码,即在编码时引入一定的编码冗余,通过改进码流的结构,使其对潜在的差错具有差错复原性,以利于接收端检测错误和恢复数据。主要采用的形式有差错弹性编码等,在 Internet 环境下,最典型的方法是多描述编码（MDC）。

（3）解码器差错检测和差错隐藏,即从先前接收到的无差错视频信息中提取有用信息,如图像的空间或时间相关性来近似地恢复丢失或出错的数据,以减少或消除信道差错对视频质量的影响。

（4）信源编码器和解码器之间交互作用的控制方式,使得发送端能够根据解码端的反馈信息修改编码参数。

其中,传输层和应用层的差错控制又可以具体的分为以下三种[91]。

（1）自动重传（auto repeat request,ARQ）:自动重传通过反馈应答方式来保证数据的可靠性,通常是发送端在数据中加入循环冗余校验（CRC）,接收端在收到数据后根据编码规则判断收到的数据在传输中有无错误产生,如果发现没有错误发生,必须向发送端发送确认信息,否则发送端将重传数据直至收到确认信息后再发送新的数据。

在 Internet 应用中,通常的误比特率小于 10^{-9},主要的传输差错是由数据包丢失引起的。由于 ARQ 采用反馈和重发的方式实现数据的无差错传输,当网络拥塞发生时,数据包丢失现象会增多,反馈重复的次数也会增加,因此会增加数据正确到达的时延,传输的连贯性和实时性较差。视频应用具有实时性要求,播放有连贯性要求,延时问题使得 ARQ 不适合实时应用,因而视频传输通常不会采用 ARQ 方式。

(2) 前向纠错(forward error correction,FEC):前向纠错是指信号在被传输之前预先对其按一定的格式进行处理,在接收端则按规定的算法进行解码以达到找出错误并纠正错误的目的。

这种方法具有较精确的差错恢复能力,并且处理开销较低、延迟短。对于实时性要求很强的视频数据通信来说,FEC 是一种非常好的保证传输服务质量的方法。

(3) 混合控制(hybrid error correction,HEC):混合控制方式通常从传输效率的角度出发,是介于 ARQ 和 FEC 之间的一种控制方式。发送端发送的数据不但具有检错功能,而且具有一定的纠错功能。接收端在收到数据后,首先检查差错情况,如果差错在纠错码的纠错能力之内,则自动纠错,如果超过了纠错码的纠错能力,则告知发送方重发。这种方式适合一定程度上的视频应用。

在这三种方式中,ARQ 不需要复杂的译码设备,但需要反向信道,且检错重传使其传输速率受到了限制;FEC 不需要反向信道,纠错迅速及时,但一般冗余度较大,且编译码设备也比较复杂;HEC 则兼有前两者的特点,但仍需要反向信道。表 4-1 分别对这几种方式进行比较,很容易看出各自的优缺点。

表 4-1 ARQ 与 FEC 及 HEC 的比较

差错控制方法	优点	缺点
ARQ	简单 系统可靠性高	需要反馈信道 延时大,实时性不好
FEC	处理开销较低 延时小,实时性好	可靠性较低 编译码设备复杂且昂贵
HEC	较高的系统可靠性 较好的实时性	开销大 需要反馈信道

在矿井的多媒体信息传输中,考虑到现场的编码设备的差异和视频传输的实时性要求,带有反馈信道的差错控制方式和编码器差错复原编码不适应。结合矿井多媒体视频系统的实际情况,本章主要针对前向纠错和差错隐藏两个方向展开研究。

4.2 前向纠错原理及方法分析

4.2.1 前向纠错编码思想及纠错码的分类

在数据通信中,差错控制主要是指信道编码,可以把它看成是为了提高通信系统的性能而设计的信号变换,目的是提高通信系统的可靠性,使传输的数据更好地抵抗各种信道损伤的影响。

差错控制的理论基础主要是香农第二定理和近代代数。1948 年,香农提出了关于在有扰信道中传输消息的重要理论——香农第二定理。该定理指出,当信息传输率低于信道容量时,通过某种编译码方法,就能使错误概率任意小,在该定理的指引下,逐步形成了纠错编码技术[46]。

1. 基本思想

香农的信息理论告诉我们,当信息传输率小于信道容量时,就存在某种编码,用以纠正信道中发生的某些错误,提高系统的可靠性。通过信道编码,对数码流进行相应的处理,使系统具有一定的纠错能力和抗干扰能力,可极大地避免码流传送中误码的发生[46]。

误码的处理技术有纠错、交织、线性内插等。提高数据传输效率、降低误码率是信道编码的任务,信道编码的本质是增加通信的可靠性。系统模型如图 4-2 所示。

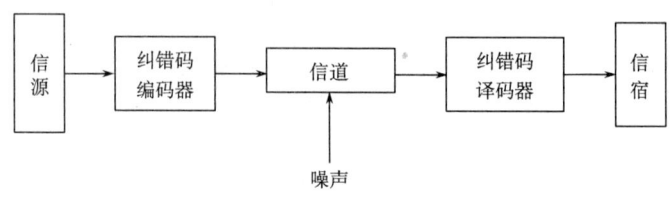

图 4-2 信道编码系统模型

纠错编码的基本原理是在待传输的信息序列后按一定的规则增加一些用以实现检错、纠错的冗余监督码元,构成一个码字,再送入信道传输;在接收端则按同样的规则检测所接收的码组,实现检错和纠错的功能。各种纠错编码方案都是在原有信息比特的基础上增加一些冗余比特,根据冗余比特与信息比特的关系来发现和纠正传输错误。因此,编码后要多传这些冗余信息,增加了系统带宽,是牺牲一定的有效性来换取系统的可靠性。纠错码的性能取决于码的纠错能力、译码算法及所用的差错控制方式。

前向纠错码的码字是具有一定纠错能力的码型,它在接收端解码后,不仅可以发现错误,而且能够判断错误码元所在的位置并自动纠错。这种纠错码信息不需要储存,不需要反馈,实时性好。

2. 纠错码分类

纠错编码的本质是通过在发送端的码字中引入可控的冗余度来换取传输可靠性的提高。常用的纠错码按其码字结构形式和对信息序列的处理方式不同可以分为分组码和卷积码两大类。图 4-3 是纠错码的各种类型[47]。

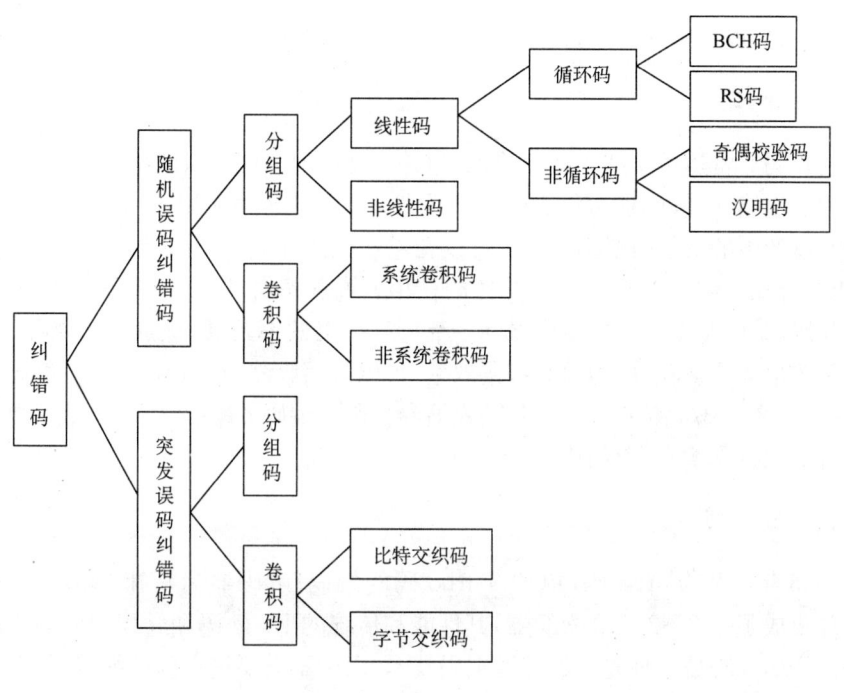

图 4-3 纠错码分类

分组码的结构如图 4-4,码长 $n=k+r$,分组码表示为 (n,k) 码。

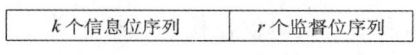

图 4-4 分组码的结构

卷积码结构如图 4-5,其中 $n>k$。卷积码的主要特点是,$(n-k)$ 个监督位不仅与本组的信息位有关,还和前 m 段的信息位有关,通常表示为 (n,k,m)。

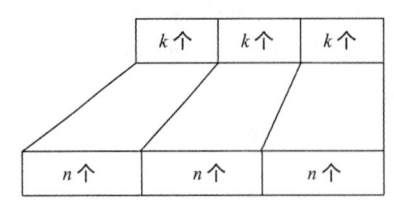

图 4-5 卷积码结构

根据本章的主要研究内容,总结相关文献,对几种码型进行比较分析。

1) RS 码

RS 码被称为里德-所罗门码,它是能够纠正多个错误的纠错码,如 RS 码(204,188,$t=8$),其中 t 是可抗长度字节数,对应的 188 符号,监督段为 16 字节(开销字节段)。实际中实施(255,239,$t=8$)的 RS 编码,即在 204 个字节(包括同步字节)前添加 51 个全"0"字节,产生 RS 码后丢弃前面 51 个空字节,形成截短的(204,188)RS 码。RS 的编码效率是 188/204。

2) 卷积码

卷积码非常适用于纠正随机错误,但是由于解码算法本身的特性,如果在解码过程中发生错误,解码器可能会导致突发性错误。RS 码适用于检测和校正那些由解码器产生的突发性错误,为此可以在卷积码的上部采用 RS 码块,卷积码和 RS 码结合在一起可以起到相互补偿的作用。卷积码分为两种:基本卷积码和收缩卷积码,其中基本卷积码编码效率 $\eta=1/2$,编码效率较低,优点是纠错能力强;如果传输信道质量较好,为提高编码效率,可以采用收缩截短卷积码。有编码效率为 $\eta=1/2、2/3、3/4、5/6、7/8$ 这几种收缩卷积码。编码效率提高,一定带宽内可传输的有效比特率增大,但纠错能力减弱。

3) Turbo 码

1993 年诞生 Turbo 码,单片 Turbo 码的编码/解码器运行速率达 40Mbps。该芯片集成了一个 32×32 交织器,其性能和传统的 RS 外码和卷积内码的级联一样好。Turbo 码是一种先进的信道编码技术,由于不需要进行两次编码,所以其编码效率比传统的 RS 卷积码要好。

4) 交织

在实际应用中,比特差错经常成串发生,这是由于持续时间较长的衰落谷点会影响到几个连续的比特,而信道编码仅在检测和校正单个差错和不太长的差错串时才最有效(如 RS 码只能纠正 8 个字节的错误)。为了纠正这些成串发生的比特差错及一些突发错误,可以运用交织技术来分散这些误差,使长串的比特差错变成短串差错,例如在 DVB-C 系统中,RS(204,188)的纠错能力是 8 个字节,如果交织深度为 12,那么可纠正长度为 $8\times12=96$ 个字节的突发错误。

实现交织和解交织一般使用卷积方式。交织技术对已编码的信号按一定规则重新排列,解交织后突发性错误在时间上被分散,使其类似于独立发生的随机错误,从而使前向纠错编码可以有效地进行纠错。前向纠错码加交织的作用可以理解为扩展了前向纠错的可抗长度字节。纠错能力强的编码一般要求的交织深度相对较低,纠错能力弱的编码则要求有较深的交织深度。图 4-6 是交织的原理图。

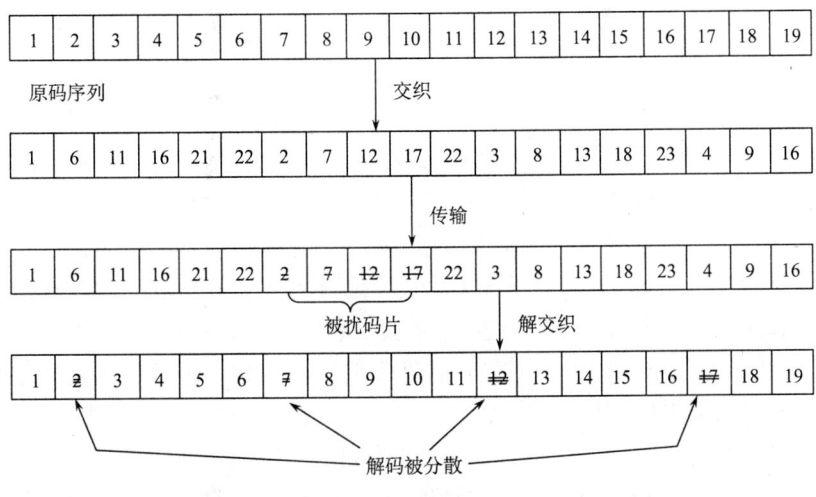

图 4-6　交织原理图

一般来说,对数据进行传输时,在发端先对数据进行 FEC 编码,然后再进行交织处理。在收端次序和发端相反,先做去交织处理完成误差分散,再 FEC 解码实现数据纠错。另外,从图 4-6 可看出,交织不会增加信道的数据码元[47]。

本章提出的方案运用 RS 码进行编码,并采用块交织技术,以增强系统对突发性丢包的适应。其原理如图 4-7 所示,其中 D_i 为顺序产生的 RTP 包,F_i 为编码产生的冗余 FEC 包,采用交织编码的关系如连线所示。当突发丢包出现,即图 4-7 中相邻的 D_1、D_2、D_3 丢失时,它们仍能够由各自所在的编码组进行恢复,如 D_4 和

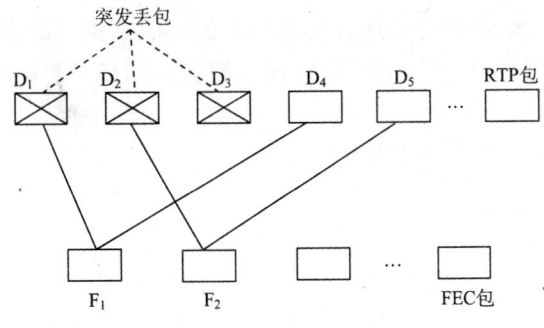

图 4-7　FEC 交织技术原理

F_1 恢复出 D_1，D_5 和 F_2 恢复出 D_2，即把集中丢包分散到各编码组内，转为随机丢包，有效地提高系统恢复性能。

4.2.2 基于 RTP 的 FEC 包结构分析

1. RTP/RTCP 协议分析

TCP 是一个面向连接的协议，需要有明确的建立连接和结束连接的阶段，因此 TCP 不能支持如交互视频、会议等实时服务。而 UDP 则是无连接的协议，它提供了一种简单的服务，将数据包从一个主机发到另一个主机，而不保证数据包一定能到达目的地。因此，IP 电话以及视频会议等应用都是基于 UDP 的。但是 UDP 本质上是一个不可靠协议，不支持在丢包情况下的重传机制，没有提供可靠的数据传输和拥塞控制机制，因此视频传输中的 QoS 保证，需要在高层协议中解决。

实时传输协议（RTP）是实时传输软件中使用得非常普遍的一种传输协议，是专门为满足数据的实时传送要求而设计的，是在需要一对多或多对多的实时传输情况下工作的 Internet 事实标准。RTP 的作用是在传输的同时提供所传数据的时间信息、参与者的信息以及会话的管理，并实现不同媒体数据流之间的同步。一方面，在具体实现中 RTP 位于用户空间，是用户程序的一部分，是一个应用层的协议；另一方面，RTP 又是一个通用的与应用程序无关的传输层协议。因此，RTP 是一个在应用层上实现的传输协议。

尽管 RTP 有助于实时媒体的有效播放，但是要注意的是 RTP 自身并不提供任何机制来确保及时传递或提供其他服务质量的保证，它依靠 RTCP 提供这些服务。RTCP 和 RTP 一起提供流量控制和拥塞控制服务。在 RTP 会话期间，各参与者周期性地传送 RTCP 包。RTCP 包中含有已发送的数据包的数量、丢失的数据包的数量等统计资料，因此，服务器可以利用这些信息动态地改变传输速率，甚至改变有效载荷类型。RTP 和 RTCP 配合使用，它们能以有效的反馈和最小的开销使传输效率最佳化，因而特别适合传送网上的实时数据。根据用户间的数据传输反馈信息，可以制订流量控制的策略，而根据会话用户信息的交互，可以制订会话控制的策略[92]。

RTP/RTCP 协议应用框架如图 4-8。

2. RTP 数据包结构

通常 RTP 位于 UDP 之上，图 4-9 表示了 RTP 在协议栈中的位置，图 4-10 表示了 RTP 数据包分组的嵌套情况。RTP 从上层接收多媒体信息码流组装成 RTP 数据包，然后发送给下层 UDP[93]。

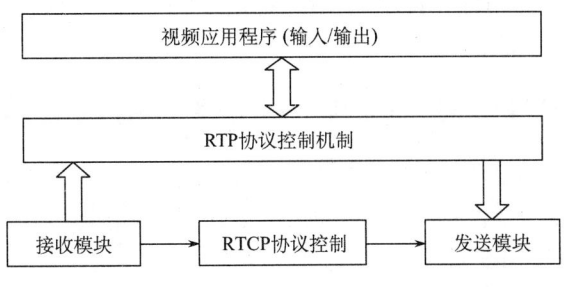

图 4-8　RTP/RTCP 协议应用框架

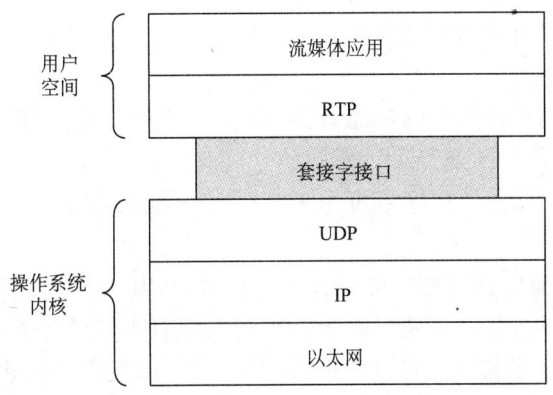

图 4-9　RTP 在协议栈中的位置

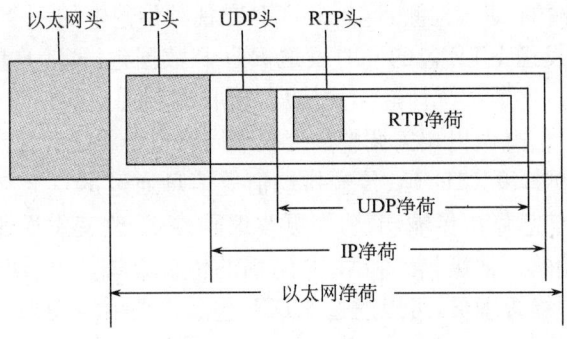

图 4-10　RTP 数据包

RTP 提供具有实时特征的、端到端的数据传输业务，可以用来传送声音和活动图像数据，在这项数据传输业务中包含了装载数据的标识符、序列号、时间戳以及传送监视。通常 RTP 的协议数据单元是用 UDP 分组来承载的,而且为了尽量减少时延,净荷通常都很短。

3. RTP/RTCP 协议的功能及其在视频网络应用特点

RTP 的基本功能是将一个或几个实时数据流复用到一个 UDP 分组流中。这个 UDP 数据流可以被发送给一台目标主机(单播传输模式),也可以被发送到多台目标主机(多播传输模式)。

RTP 相当于 OSI 会话层的协议,主要作用如下[94]:

(1) 在多媒体数据头部加上定时标志。对于视听会议业务,丢失几个包不会使质量降低很多,而延时和抖动却严重影响 QoS。尽管数据包有 0.25s 的延时,但依靠定时标志可使在接收端的数据包的定时关系得以恢复,从而降低网络引起的延时和抖动。

(2) 提供包内数据类型的标志,说明媒体信息所采用的编码方式。例如对视频信息流是采用 H.264 还是 H.263。

(3) 具有排序服务。包序号可用来在接收端建立正确的包顺序,从而便于判断丢失了多少包。

RTP 的优点是它在应用中的一致性。在 RTP 出现之前,使用 UDP 的应用程序可以生成自己的数据包包头。由于每种应用都有不同的包头长度和格式,因此路由器或其他网络设备很难对包头进行压缩。此外,发送和接收应用必须非常匹配。在使用 RTP 的情况下,来自一家厂商的接收应用可以接收来自另一家厂商发送应用的 RTP 数据。

RTCP 通过上节介绍的 5 种控制包文,可以完成以下的控制功能:

(1) 视频传输的 QoS 检测:这是 RTCP 在视频传输中的一个重要功能。通常视频发送端会在发送 RTP 包的同时发送 RTCP 数据包,RTCP 包中会含有 RTP 包的包数、包序号、字节数统计等相关信息,接收端利用这些信息做出相关数据统计,依据这些统计信息做出相关调整。接收端同时也会将统计信息和控制信息,如丢失的包数、丢包率、网络时延、传输抖动值等信息通过 RTCP 包反馈回发送端,发送端根据反馈信息做出传输调整,如更改编码方式、改变发送速率、变化纠错方式等,保证接收端的正常接收。利用 IP 组播的传输方式,可以使没有参加视频会话的第三方,如网络管理员,可以通过 RTCP 包获得会话的 QoS 参数、及时调整网络带宽和传输策略等,保证传输的实时性。

(2) 媒体间同步:RTCP 包中含有实际时间和相应的 RTP 时间戳,可以用于视频和音频的同步。

(3) 识别信息:对于复杂的视频应用,如视频会议,RTP 包中的 32 位随机标识符满足不了具体应用的要求。而 RTCP 的 SDES 包能够包含足够的文本信息,如用户名、电话号码、E-mail 等,方便会话双方获取相关信息,满足复杂应用的需求。

(4) 控制信息量调节:在多方参与的视频应用中,如视频会议,参与会话的成员周期性的发送 RTCP 包,据此统计会话成员数,各站点相应调整实时控制的信息量,保证控制信息量和视频业务量达到平衡。

综合上述对 RTP/RTCP 的分析,视频网络应用中使用该协议需注意以下几点:

(1) RTP 是一个开放的框架,它对于载荷类型和多媒体软件都是开放的。通过对载荷类型的扩展定义,可以使 RTP 承载新的载荷类型,用于新的编码方式。

(2) RTP 不提供任何形式的可靠性控制、拥塞控制等传输控制方式,但它提供时间戳和序列号等信息,视频应用可以通过这些信息并结合应用的需求实现最佳的传输控制方案。

(3) RTP 并不保证数据能够及时传输,这需要网络底层的支持;它也不负责高层的任务,高层任务必须由应用本身完成。

4. 基于 RTP 的 FEC 包结构及丢失重建分析

一个 FEC 包就是把一个 FEC 包头和 FEC 包的载荷放进 RTP 包的载荷中,如图 4-11 所示。

图 4-11 基于 RTP 的 FEC 包结构

1) RTP 包头

在 RTP 包头(参考图 4-11)中,SSRC 的值应当与它所保护的媒体数据包的 SSRC 值一致。如果 FEC 流通过 SSRC 值来进行解复用的话,SSRC 的值就有可能会不同。对于顺序号有一个标准的定义,即当前包的顺序号必须比前一个包的顺序号大 1。时间戳必须设定为当前这个 FEC 包发送时对应的媒体流的 RTP 时钟的值,FEC 包头中的 TS 值是单调递增的。

2) FEC 包头

FEC 包头的长度为 12 个字节,其格式如图 4-12 所示。它包含一个 SN 基数域、长度恢复域、E 域、PT 恢复域、mask 域以及 TS 恢复域。

SN 基数域:其值必须设置为与当前 FEC 包相关的媒体数据包中的最小的序号。一个 FEC 包最多可以与连续 24 个媒体数据包相关联。

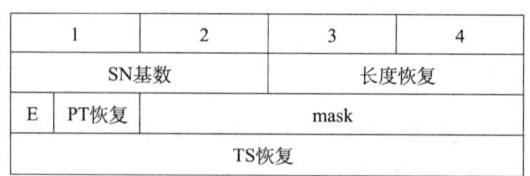

图 4-12 FEC 包头格式

长度恢复域:用来确定待重建的数据包的长度。它的值是当前组中被保护的媒体数据包的长度(以字节为单位)的二进制和(逐位异或),用一个网络序的 16 比特无符号整数表示。

E 域:指示是否存在一个扩展部分。在当前版本中,这个比特必须设置为 0。

PT 恢复域:通过对相关的媒体数据包的载荷类型域的值进行异或操作得到,从而能够用来恢复丢失包的载荷类型。

mask 域:长度为 24 比特,如果其中的第 i 个比特设置为 1,那么序号为 $N+i$ 的媒体数据包就与当前 FEC 包相关联。其中 N 是 SN 基数域的值。最低位(LSB)对应于 $i=0$,最高位(MSB)对应于 $i=23$。

TS 恢复域:通过计算相关联的媒体数据包的时间戳的异或得到的。这样就可以恢复出丢掉的数据包的时间戳。

FEC 包的载荷类型是动态确定的,即在带外通过信令来协商确定的。按照 RFCI889,RTP 会话的某一方如果不能识别收到的 RTP 包的载荷类型的话,就必须将其丢弃。这样就很自然地提供了向后兼容的能力。

3) FEC 包的载荷

FEC 包的载荷是对相关联的媒体数据包的 CSRC 列表、RTP 头部扩展、媒体包载荷以及填充比特连在一起进行异或操作得到的。值得注意的是 FEC 包的长度有可能会比它保护的媒体数据包的长度大一点,因为多了一个 FEC 包头。如果 FEC 包的长度超出了下层协议允许的最大包长,这可能会给传输带来很大的问题。

FEC 编解码技术是在发送端的数据中加入一定的冗余数据,经过保护操作,生成特定的校验包,将这些校验包与原始信息组成的数据包一同发送出去。接收端收到这些数据包和校验包后,通过包的重建来恢复原始信息所组成的数据包。

保护操作涉及将 RTP 头中的某些域与媒体包的载荷级联起来,再加上填充比特,然后对这些序列计算它们的异或值,得到的比特序列就成为 FEC 包的某个组成部分。对于每一个要保护的媒体包,按照特定的顺序将各个数据域级联起来生成一个比特序列。

如果各个媒体数据包的比特序列长度不相等,那么每一个都必须填充到如最长的序列那样长。填充值可以是任意的,但必须填充在整个比特序列的最后。对所有这些比特序列进行对位异或操作,就可以得到一个校验比特序列,这个校验比特序列就可以用来生成 FEC 包。称这个比特序列为 FEC 比特序列。

FEC 包能够使终端系统有能力重建丢失的媒体数据包。丢失包的包头中的所有数据域,包括 CSRC 列表、扩展位、填充位、标记位以及载荷类型,都是可以恢复的。

重建过程中包含两个不同的操作:第一个是确定需要用哪些包(包括媒体包和FEC 包)来重建一个丢失的包,第二个就是修复丢失的包。

设 T 为可用来重建媒体数据包的一组包(包括 FEC 包和媒体包),修复过程的步骤如下所述。

(1) 对于 T 中的媒体数据包,计算它们的比特序列。

(2) 对于 T 中的 FEC 包,基本以同样的方式来计算比特序列,不同点仅在于用 PT 恢复域的值取代载荷类型,用 TS 恢复域的值取代时间戳,并将 CSRC 列表、扩展位和填充位都设为 null。

(3) 如果某个媒体数据包生成的比特序列比 FEC 包生成的比特序列短,就把它填充到与 FEC 包生成的比特序列一样长度。填充部分必须加在比特序列的最后,可以为任意值。

(4) 对这些比特序列进行按位异或操作,得到一个恢复出的比特序列。

(5) 创建一个新的数据包,12 个字节的标准 RTP 头,没有载荷。

(6) 将新包的填充位、扩展位 CC 域等设为恢复出的比特序列相应的比特。

(7) 恢复新包的 CSRC 列表、扩展、载荷和填充。

(8) 将新包的 SSRC 域设定为它所保护的媒体流的 SSRC 值。

上面的这个过程能够完全恢复出一个丢失的 RTP 包的包头和载荷。

4.3 应用层 FEC 算法设计及实现

4.3.1 编码方案设计

与其他视频编码标准相比,H.264 标准能更加有效地提高视频编码效率,它可广泛应用于数字电视、无线视频通信、IP 视频会议及其他多媒体业务。然而,视频数据在网络上传送必然会受到分组丢失的影响,由于 H.264 编码算法使用运动估值和运动补偿技术,一旦有分组丢失,不仅会影响到当前解码图像,而且会影响到后续解码图像,即误码扩散。目前,一些抗分组丢失算法已经被应用到视频通信中,如基于分组的前向纠错算法等。但这些算法只能有效防止随机分组丢失,而对突发丢包其保护能力下降非常明显。基于 H.264 视频通信的特点,本章综合使用前向纠错和交织保护算法,根据 H.264 码流数据的不同重要性给出一种 RTP 载荷的封装方式。在矿井高丢包率环境下,使用该算法可以保证 H.264 视频通信的 QoS。

1. 不等差错保护算法

H.264 中的 NAL(网络适配层)是为了提供"网络友好性"而设计的,它有利于 H.264 中 VCL(视频编码层)数据到传输层的适配。NAL 由 NALU(NAL 单元)头和 NALU 载荷两部分组成,具体结构如图 4-13 所示[95~97]。

NALU头			NALU载荷
1比特	2比特	5比特	
禁用比特	参考帧标识	NALU类型	NALU载荷

图 4-13 NALU 结构示意

H.264 中 NALU 的重要程度不同,参考帧标识的取值越大,表示当前 NALU 越重要。例如,参考帧标识取 0 表示 NALU 中存放非参考图像的一个 Slice(如 P-Slice、B-Slice),而参考帧标识取非 0 表示 NALU 中存放一个序列参数集(SPS)或图像参数集(PPS)或者参考图像的一个 Slice(如 I-Slice),这些参数会严重影响后续解码。因此,在对 H.264 码流进行基于数据节点的纠错码保护和交织处理时,可以根据参考帧标识的取值将 H.264 的数据分为两类:一类为相对重要的图像数据,另一类为非重要的图像数据。

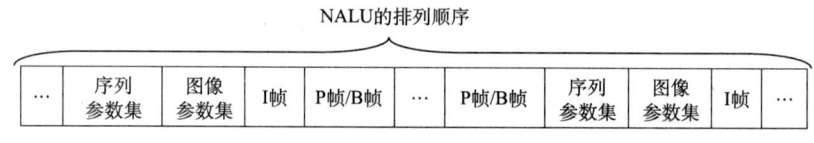

图 4-14 NALU 排列结构示意

由于 RTP 协议本身并没有任何机制来提供丢包保护,因此为了保证视频通信质量,可以使用基于分组的纠错码保护视频数据,即通过使用降低传输效率,增加冗余的办法,达到提高视频通信质量的目的。在 H.264 视频通信中,可以利用 H.264 中 NALU 的特点,对相对重要的数据信息和非重要的数据信息进行不等保护。对相对重要的数据信息可以使用冗余度大、保护能力强的码保护,而对非重要的数据信息使用冗余度小、保护能力弱的码保护,具体码型由缓存数据信息的字节数确定。

在 H.264 视频通信中,NALU 的排列是很有规律的,如图 4-14 所示,重要信息和非重要信息的交叉排列对使用 FEC 不等保护算法非常有利。

2. 前向纠错码编解码方法设计

RS 码是迄今为止所发现的码中一类很好的线性纠错码,它具有很强的纠错能力,尤其在短码和中长码下,它的纠错性能接近于理论值。而且它的构造比较方便,编码结构也比较简单,编译码的设备也不算复杂,综合以上几种优点,本章选择 RS 码来进行前向纠错编码。

Reed-Solomon 码(以下简称 RS 码)是 1960 年由 Reed 和 Solomon 提出的,是 BCH 码的一个子类[98]。在线性分组码中,它的纠错能力和编码效率是最高的,尤其适合于纠正突发错误。RS 码的符号是取自 $GF(2m)$ 有限域中,该有限域称为伽罗华域(简称 GF),RS 码的码字格式如图 4-15 所示。

定义:令 α 是 $GF(q)$ 中的本原元,能纠正 t 个错误的 RS 码的生成多项式的系数取自 $GF(q)$,且以 $\alpha,\alpha_2,\alpha_3,\cdots,\alpha_{2t}$ 为根的最低多项式,如式(4-1)所示:

$$g(x) = \prod_{i=1}^{2t}(x-\alpha^i) \tag{4-1}$$

RS 码的主要参数如下。

码长:$n=2m-1$。

信息位:k 个符号。

监督位:$n-k=2t$。

最小码距:$d=2t+1$。

纠错长度:t。

其中 m 代表自然数 $1,2,3,\cdots$。

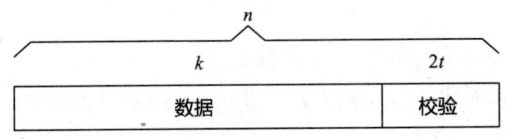

图 4-15 RS 码的码字格式

对于给定的码长和维数,RS 码具有最大可能的最小码距 $d_{\min}=n-k+1$,从这个意义上讲,它是最佳的,被称为最大距离分离(MDS)码。

RS 码的显著特点是它不仅能纠正随机错误,而且具有特别强的纠正突发错误的能力。$RS(n,k)$ 码可以纠正的错误图样有:

总长度 $b_1=(t-1)m+1$ 比特的单个突发错误。

总长度 $b_2=(t-3)m+3$ 比特的 2 个突发错误。

总长度 $b_i=(t-2i+1)m+2i-1$ 比特的任何 i 个突发错误。

通信系统中常用的带外 FEC 采用的就是 RS(255,239)码,简称 RS-8,即在 $k=239$ 数据字节(每个字节为一个码元符号)后加上 16 个校验字节便构成为 $n=255$ 字节的码字,其编码效率为 93.7%。

该码可纠正接收码组中任意 8 字节的随机错误,纠单个突发错误的最大长度为 64 比特。RS 码具有如下重要性质:

(1) 真正的最小距离与设计的最小距离总是相等的,其最小距离等于$(n-k+1)$。

(2) 其码字的任意 k 个位置都可用做信息集合。

在视频流化过程中使用 RS 编码时,通常先将视频帧封装在若干个包中,然后用这些原始数据包生成冗余数据包后再传输。RS 编码最大可以恢复$(n-k)$个丢包,当经过网络传输后,如果有任意 k 个或更多的数据包被正确接收,那么就可以从中恢复出原始的 k 个数据包。RS 码的编解码原理如图 4-16 所示。我们把生成的冗余包数$(n-k)$与源数据包数 k 之比称为 FEC 编码的冗余度,即$(n-k)/k$。一般来说,FEC 编码的冗余度越大其恢复能力也越强[99]。

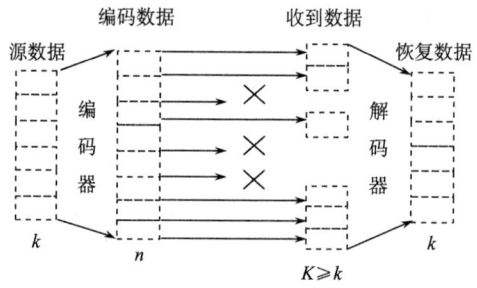

图 4-16 Reed-Solomon 编解码原理

RS(n,k)码的编码流程如下[98],流程如图 4-17。

(1) 将行信息多项式 $u(x)$ 乘以 x^{n-k} 变成 $u(x)x^{n-k}$,乘以 x^{n-k} 的目的是将 $u(x)$ 的最高次幂提高到$(n-1)$次。

(2) 用 $u(x)x^{n-k}$ 模生成多项式 $g(x)$,得到校验多项式 $r(x)$。

(3) 得到码字多项式 $c(x)=u(x)x^{n-k}+r(x)$。

设发送的码字为 $C(x)$,而接收到的码字为 $R(x)$。如果 $C(x)=R(x)$,说明收到的码字正确;如果 $C(x)\neq R(x)$,说明接收到的码字出现错误。用公式表示则为

$$R(x)=C(x)+E(x) \tag{4-2}$$

其中,$E(x)$ 称为误差多项式,当 $E(x)=0$ 时,表示无错误。

RS(n,k)码的纠错译码步骤如下。

(1) 计算 $2t$ 个部分伴随式：

$$S_i = R(\alpha^i) = r_0 + r_1 \cdot \alpha^i + \cdots + r_{n-1} \cdot (\alpha^i)^{n-1},$$
$$1 \leqslant i \leqslant 2t \qquad (4-3)$$

(2) 用迭代算法从伴随式得到差错定位多项式 $\delta(x)$，并判断是否在纠错范围内。差错定位多项式 $\delta(x)$ 是收到码字 $R(x)$ 的误差位置的函数，它不能直接指出所收码字中的哪一个符号产生了误差。迭代算法通常使用欧几里得算术的 Berlekamp-Massey 算法，由于欧几里得算法实际中很容易被实现，所以使用得非常广，但是 Berlekamp-Massey 算法无论在软件或是硬件的实现上相对欧几里得算法都具有较高的效率。

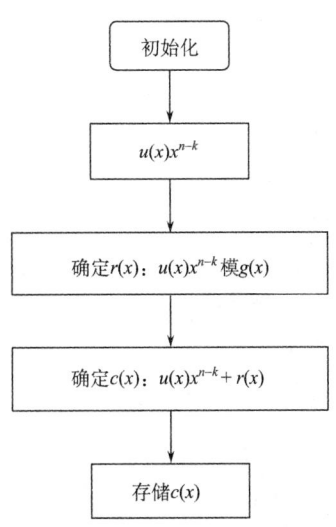

图 4-17 RS 编码的程序流程

(3) 用搜寻算法计算定位多项式的根，其倒数为差错位置数。通常使用 Chien 氏搜索算法。

(4) 计算每个差错位置处的差错大小。

(5) 已知接收码字的差错位置和差错大小，利用 $V(x) = R(x) + E(x)$，求出正确的接收码字，实现 t 个错误以内的纠错。

差错的定位和差错数的确定方法如下。

假定在位置 $i_1, \cdots, i_v$ 有 $v \leqslant t$ 个差错，记差错模式为 $e_{i_1}, \cdots, e_{i_v}$，则误差多项式可记为

$$E(x) = e_{i_1} x^{i_1} + \cdots + e_{i_v} x^{i_v} \qquad (4-4)$$

于是伴随多项式可表示为

$$\begin{aligned} S_j = R(\alpha^j) &= C(\alpha^j) + E(\alpha^j) \\ &= E(\alpha^j) = e_{i_1} x^{j i_1} + \cdots + e_{i_v} x^{j i_v} \end{aligned} \qquad (4-5)$$

所以发生了改变的变量为

差错幅度： $\qquad Y_1 = e_{i_1}, \quad \cdots, \quad Y_V = e_{i_V} \qquad (4-6)$

差错位置： $\qquad X_1 = \alpha^{i_1}, \quad \cdots, \quad X_V = \alpha^{i_V} \qquad (4-7)$

差错定位数是解码字符集 $GF(qm)$ 的元素，而差错幅度是传输通道字符集 $GF(q)$ 的元素。特别地，当传输通道字符集 $GF(2)$ 中 $Y_i = 1$ 时，部分特征群是 $2t$ 个方程中的 $2v$ 个未知数，如

$$\left. \begin{aligned} S_1 &= Y_1 X_1 + \cdots + Y_V X_V \\ S_2 &= Y_1 X_1^2 + \cdots + Y_V X_V^2 \\ &\cdots\cdots \\ S_{2t} &= Y_1 X_1^{2t} + \cdots + Y_V X_V^{2t} \end{aligned} \right\} \qquad (4-8)$$

差错定位多项式 $\Lambda(x)$ 是一个 $GF(qm)$ 上的多项式,它的零点是差错定位数的倒数。

$$\Lambda(x) = \prod_{i=1}^{v}(1-X_i) = \prod_{i=1}^{v}X_i \cdot \prod_{i=1}^{v}(x-X_i^{-1}) \quad (4-9)$$

其中,$\Lambda(x)$ 的零根是 $X_1^{-1},\cdots,X_v^{-1}$;$\Lambda(x)$ 的阶数就是差错的个数,所以解码器同时也要确定 v 的值。

RS 解码器试图给出差错所在的位置和差错的个数(最多纠 t 个错,或最多查出 $2t$ 个差错)。一个 RS 码字有 $2t$ 个依赖于差错的特征子,这些特征子可以通过将生成多项式 $g(x)$ 的 $2t$ 个根代入到 $R(x)$ 中计算出来。差错发生的位置可以通过计算有 t 个未知数的方程给出。

RS 解码流程如图 4-18 所示。

3. 交织保护算法

在网络通信中,由于带宽有限,网络负担突然加重超过处理门限时,会导致突发性的连续丢包。在发送端加上数据交织器,将信道中的突发丢包分散开来,把突发丢包转变成独立的随机丢包,从而充分发挥纠错编码的作用。交织从其本质上来说就是改变信息结构而不改变信息内容。

目前,交织的方法很多,如行存列取、列存行取和行存对角线取的交织方法等。对视频数据采用交织保护的基本思想是,将 i 个能纠 t 个错的分组排列成 i 行 n 列的方阵。交织前如果遇到连续 j 个分组的突发差错,且 $j \gg t$,对其中的连续两个码组而言,差错数已远远大于纠错能力 t,因而无法正确对出错码组进行纠错。经过交织后,总的分组数不变,当差错图样落在分组

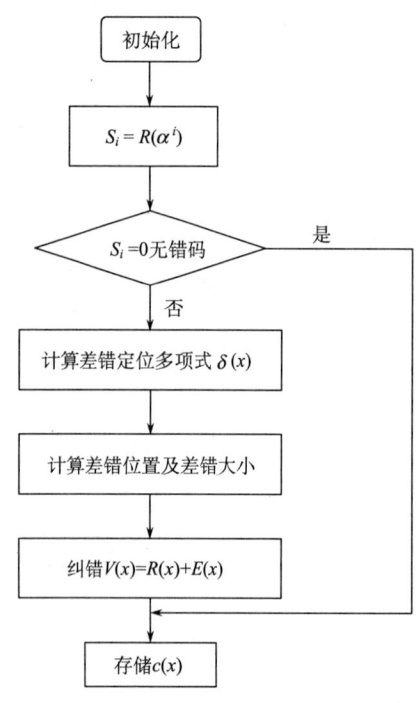

图 4-18 RS 解码的程序流程

码的纠错能力范围内时,可以正确的纠正错误。这样在相同冗余度下,纠错码保护视频码流的能力得到了提高。

通常把码组数 i 称为交织深度,理论上交织深度 i 越大,抗分组丢失的能力就越强,但是要求接收端的缓存区就越大,而且延时也相应加大。因此,实际应用中特别是实时视频通信中要根据实际要求设置合适的 i 值。

本节使用 RS 码对 NALU 保护生成数据节点和校验节点,将这些节点封装到

RTP 分组进行网络传输。首先将一帧图像划分为一个 Slice,由于参数集、I 帧等重要信息要求时延小,因此对这部分内容仅使用强 FEC 保护而不使用交织,而对 P 帧/B 帧等数据信息进行一般 FEC 保护且使用交织算法。对视频码流中非重要信息进行 FEC 保护和交织处理时,不是以 NALU 为单位,而是将两组重要数据信息(SPS、PPS 或 I 帧)之间的多个 P 帧/B 帧的数据看成一个整体来处理。在同一个交织组中,列号相同的一组 FEC 节点被封装到一个 RTP 载荷中。设 U_1 是最大交织深度,U_2 是最小交织深度,每个 FEC 节点的字节数 D,由于 RTP 分组的大小不能超过网络 MTU(最大传输单元)的大小 V,即 $HRTP+U_1*D \leqslant V$($HRTP$ 是 RTP 头字段大小),所以交织深度 U_1 和 FEC 节点大小 D 成反比。另外,为了保证数据传输效率,每个 RTP 载荷的字节数不能太少,所以对最小交织深度 U_2 有一定限制。U_1、U_2、D 的取值,应该根据具体的 FEC 算法、网络状况以及具体的应用来设定。

每 K 个数据节点经 FEC 保护后生成 $N=K+M$ 个 FEC 节点(其中 K 个数据节点,M 个校验节点),则一个交织组包含的最大数据字节数为 $B_{max}=U_1*K*D$,最小数据字节数为 $B_{min}=U_2*K*D$。假设连续非重要数据信息的总字节数为 G,这些数据被分为 $B=[G/B_{max}]$([•]表示取整运算)个数据块。当 G 不能被 B_{max} 整除时,除最后一个数据块外,前 $B-1$ 个数据块的大小为 B_{max},即有 $B-1$ 个交织深度为 U_1 的交织组。

对于最后一个数据块,如果它所包含的字节数为 $i*K*D+\Phi$(Φ 是小于 $K*D$ 的数),且 $U_2 \leqslant i \leqslant U_1$,则把前 $i*K*D$ 个字节分成一个交织深度为 i 的交织组,而剩余的 Φ 个字节不使用任何保护算法,直接打包发送;否则,最后一个模块不使用任何保护算法,直接打包发送。由于一组连续非重要数据信息末端的少量数据,其重要程度相对较低,对恢复视频的平均质量影响较小,因此可以直接打包发送。具体算法如下:

(1) 以帧为单位缓存待处理的连续 P 帧/B 帧的数据信息,计算它们的总字节数 W。当 $W \geqslant B_{max}$ 或者下面将要接收的内容是重要数据信息时,跳到(2);否则,继续接收并缓存信息。

(2) 当 $W/(D*K) \geqslant U_1$ 时,跳到(3);否则,跳到(4)。

(3) 取交织深度为 U_1,对缓存中待处理的前 B_{max} 个字节进行 FEC 保护、交织处理和 RTP 封装,并发送。计算缓存中剩余字节数 W,跳到(1)。

(4) 当 $W/(D*K) \geqslant U_2$ 时,跳到(5);否则,跳到(6)。

(5) 取交织深度 $i=[W/(D*K)]-1$,对缓存中待处理的 $i*K*D$ 个字节进行 FEC 保护、交织处理和 RTP 封装,并发送。计算缓存中剩余字节数 W,跳到(4)。

(6) 不使用交织算法,也不进行 FEC 保护,直接进行 RTP 封装并发送。

(7) 结束。由此可得交织深度 i 的取值如下：

$$i = \begin{cases} U_1, & W/(D*K) \geqslant U_1 \\ [W/(D*K)] - 1, & U_1 \geqslant W/(D*K) \geqslant U_2 \\ \phi, & \text{其他} \end{cases} \quad (4\text{-}10)$$

4. RTP 封装方式

本章采用了一种适于 H.264 视频通信的具有交织保护能力的 RTP 载荷结构，与传统的 RTP 载荷结构相比，具有交织保护能力的 RTP 载荷结构支持多种 FEC 保护措施，同时为了防止突发丢包而采用了交织算法。新的 RTP 载荷结构如图 4-19 所示[100]。

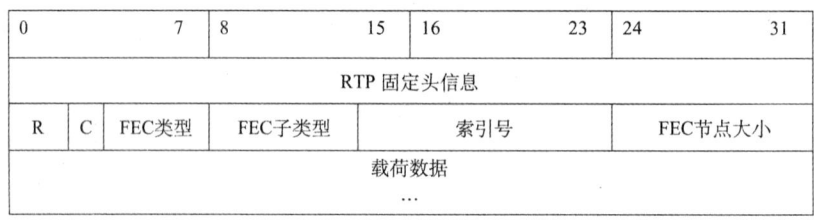

图 4-19 RTP 载荷结构

(1) R(3 比特)：表明所采用的交织类型。如 0x1 表示使用行存列取的交织算法，0x2 表示使用行存对角线取的交织算法等。该域与交织算法之间的一一对应关系，通信双方可以通过其他协议协商确定。

(2) C(1 比特)：取值为 1，表明 RTP 载荷使用了交织算法；否则取值为 0。

(3) FEC 类型(4 比特)：可以表示 16 种不同的 FEC 类型，如 0x1 表示使用 RS 码保护 RTP 载荷数据，0x2 表示使用 Tornado 码保护 RTP 载荷数据等。

(4) FEC 子类型(6 比特)：该域主要表示在 FEC 类型中定义的各类型下面进一步细分的子类型，子类型的信息包括 FEC 编码的生成规则和保护强度，如当 FEC 编码类型域取 0x2 时，该域取 0x1 表示使用 Tornado(20,15)码(15 个数据包，5 个校验包，冗余度为 25%)保护 RTP 载荷数据。

(5) 索引号(10 比特)：当 C 比特域取值为 1 时，该域标识 RTP 载荷在一个交织组中的列号；当 C 比特域取值为 0 时，一个 FEC 节点封装到一个 RTP 载荷中，该域标识 RTP 载荷在一个 FEC 单元中的序号。本数据段用于 FEC 解码。

(6) FEC 节点大小(8 比特)：在一个 FEC 单元中每个 FEC 节点的大小都是相等的，该字段标识一个 FEC 节点的大小。

经过 FEC 保护和交织处理后，生成的数据节点和校验节点被封装到 RTP 载荷中,并在网络上传输。由于对重要程度不同的 NALU 采用不同的 FEC 保护等级和不同的交织算法,所以它们的 RTP 封装方式也是不同的,分别介绍如下。

(1) 存放重要数据信息的 NALU。这类 NALU 使用冗余度大、抗丢包能力强的纠错码保护。因此,与 P 帧/B 帧相比,同样大小的 K 个数据节点,经过纠错码保护后,将生成更多的校验节点。由于这些 FEC 节点不使用交织保护,为了防止解码端 FEC 不可解,要求一个 FEC 节点装入一个 RTP 载荷。一组连续的 SPS、PPS 和 I 帧等重要数据信息,假定总字节数为 G,一个 FEC 节点的字节数为 D,当 G 不能被 D 整除时,在 G 个字节后面进行比特填充。

(2) 存放非重要数据信息的 NALU。当交织深度为 $i(U_2 \leqslant i \leqslant U_1)$ 时,一个交织组中 FEC 节点的总数为 $n=i*N$,每个 FEC 节点按照下面的方式装入 RTP 载荷。

交织组中的第一个 RTP 分组:索引号=0。
FEC 节点 0,FEC 节点 N,FEC 节点 $2N$,FEC 节点 $3N$,…,FEC 节点$(i-1)N$。
交织组中的第二个 RTP 分组:索引号=1。
FEC 节点 1,FEC 节点 $N+1$,FEC 节点 $2N+1$,FEC 节点 $3N+1$,…,FEC 节点$(i-1)N+1$。
……
交织组中的第 N 个 RTP 分组:索引号=$N-1$。
FEC 节点 $N-1$,FEC 节点 $2N-1$,FEC 节点 $3N-1$,FEC 节点 $4N-1$,…,FEC 节点 $i*N-1$。

对于未使用 FEC 算法和交织算法的那部分数据,可以直接进行 RTP 封装。

4.3.2 传输参数控制策略

虽然在发送端采取了较好的编码措施,由于网络状况的不确定,丢包情况变化很大,因此有必要根据丢包情况来动态调整媒体参数,并将结果反馈给发送端,确保服务质量。发送端根据接收到的 RTP 包统计出丢包情况,主要是对编码冗余度、整体发送速率、封包大小进行调整,具体的控制策略如下[47,98]。

(1) 丢包率上升,必须提高 RS 的编码冗余率,以提高纠错恢复能力,即调整 n、k 的值,使 n/k 值增大。但是,仅仅增加编码冗余率不能改善丢包问题,反而由于冗余数据增多消耗带宽增加,导致网络状况更差,丢包更严重,因此需要对媒体的整体传输率进行控制。

(2) 对整体发送速率的调整。一般观点认为,此种情况下由于网络负担过重而导致丢包增加,应该迅速减小媒体传输率(即 UDP 占用带宽)来减轻网络负担,从而改善丢包状况。然而,有深入的研究表明实际情况并非如此。目前,80% 的因特网带宽被 TCP 应用程序消耗,如 Http、Ftp。而 TCP 使用滑动窗口的流控制机制,当网络出现丢包时,TCP 连接仍会增加其窗口大小,直到通告窗口足够大。而且,当多个 TCP 连接共享一个网络瓶颈节点时,由于网络路由表的更新是周期性的,它们的拥塞窗口大小变化将逐渐趋于同步,其表现就是这些 TCP 连接消耗瓶颈节点缓存的大小呈现周期性。若 UDP 连接也处于此瓶颈节点下,当网络丢包率上升时,正是 TCP 连接消耗瓶颈节点缓存较多的时候,而且 TCP 的拥塞窗口还处于线性增长的时期,此时如果降低通话的媒体传输率,即减小 UDP 连接的带宽,空闲出来的带宽马上会被贪婪的 TCP 连接消耗,并不会对网络丢包有所改善。因此,在本方案中,选择保持媒体整体传输率不变,即 UDP 占用的带宽不变。

(3) 对 RTP 封包大小的调整。在 UDP 和 TCP 共享网络资源情况下,网络丢包率上升时,可以适当减小 UDP 封包大小,这样 UDP 包在网络瓶颈节点转发时需要的缓存较小,丢包的可能性降低。但是,考虑到封包变小,相同的数据量需要更多的封包,即需要更多的包头(RTP/UDP/IP),有效负载率降低,所以不宜太小。本系统中封包大小根据丢包率大小在 750~1200 字节之间变化。

1. 丢包率控制

丢包经常具有相关性,并存在突发丢包,丢包突发长度对 FEC 的性能有重要的影响。Gilbert 模型提供了可接收的精确度和较低的计算复杂度,本节采用 Gilbert 模型计算随机组播树各链路中的丢包率,并且通过扩展 Gilbert 模型来计算发送端发送 n 个数据包后,接收端能够接收 i 个数据包的概率[93,101,102]。

Gilbert 模型可用二态的马尔可夫链来表示,为了计算 Gilbert 模型的概率值,我们通过扩展二态 Gilbert 模型构造了另一个马尔可夫过程,用正确接收的数据包数作为扩展马尔可夫过程的状态的序号。比如,如果接收端正确接收了 i 个数据包,并且信道处于不丢包状态,则过程处于状态 G_i;如果信道处于丢包状态,则状态为 B_i。扩展马尔可夫过程的状态转换如图 4-20(a)所示,其状态转换概率和二态 Gilbert 模型是一样的。通过状态转换图,我们可以得到扩展 Gilbert 模型的流图,如图 4-20(b)。

从图中可以看出,系统可以从 G_0 或 B_0 开始,到任意状态结束。系统从 G_0 和 B_0 开始的初始概率是初始 Gilbert 模型稳定状态时的概率 $\pi(G)$ 和 $\pi(B)$。发送 n 数据包,正确接收 i 数据包的概率,即过程从 G_0 或 B_0 状态开始,经过 n 步后进入状态 G_i 或 B_i 的概率。我们用 $\varphi_{G_0 G_i}(n)$ 表示从 G_0 到 G_i 的多步转换概率:

$$\varphi_{G_0 G_i}(n) = p\{s(n) = G_i \mid s(0) = G_0\} \qquad (4\text{-}11)$$

$s(n)$ 表示扩展马尔可夫过程在时序 n 时的状态。$\varphi_{G_0 G_i}(n)$ 的几何变换可以由以下公式获得

$$\varphi_{G_0 G_i}(z) = \left(p_{GG}z + \frac{p_{GB} p_{BG} z^2}{1 - p_{BB} z} \right)^i, \quad 0 < i \leqslant n \qquad (4\text{-}12)$$

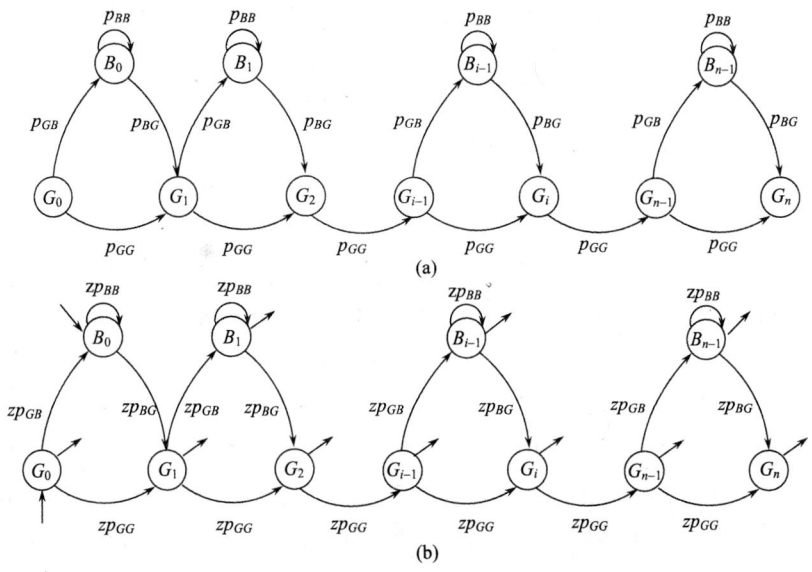

图 4-20 扩展 Gilbert 模型的状态转换及流图

用反几何变换,有

$$\varphi_{G_0G_i}(n) = \begin{cases} \sum_{m=1}^{i} \begin{bmatrix} i \\ m \end{bmatrix} \begin{bmatrix} n-i-1 \\ m-1 \end{bmatrix} p_{GB}^m p_{BG}^m p_{GG}^{i-m} p_{BB}^{n-i-m}, & 0 < i < n \\ 0, & i = 0 \\ p_{GG}^n, & i = n \end{cases} \quad (4\text{-}13)$$

同样的,它也可以表示为

$$\varphi_{G_0B_i}(n) = \begin{cases} \sum_{m=0}^{i} \begin{bmatrix} i \\ m \end{bmatrix} \begin{bmatrix} n-i-1 \\ m \end{bmatrix} p_{GB}^{m-1} p_{BG}^{m} p_{GG}^{i-m} p_{BB}^{n-i-m-1}, & 0 \leqslant i < n \\ 0, & i = n \end{cases} \quad (4\text{-}14)$$

$$\varphi_{B_0G_i}(n) = \begin{cases} \sum_{m=0}^{i-1} \begin{bmatrix} i-1 \\ m \end{bmatrix} \begin{bmatrix} n-i \\ m \end{bmatrix} p_{GB}^m p_{BG}^{m+1} p_{GG}^{i-m-1} p_{BB}^{n-i-m}, & 0 \leqslant i < n \\ 0, & i = 0 \end{cases} \quad (4\text{-}15)$$

$$\varphi_{B_0B_i}(n) = \begin{cases} \sum_{m=0}^{i-1} \begin{bmatrix} i-1 \\ m \end{bmatrix} \begin{bmatrix} n-i \\ m \end{bmatrix} p_{GB}^m p_{BG}^{m+1} p_{GG}^{i-m-1} p_{BB}^{n-i-m-1}, & 0 < i < n \\ p_{BB}^n, & i = 0 \\ 0, & i = n \end{cases} \quad (4\text{-}16)$$

如果用 $\varphi(n,i)$ 表示发送 n 数据包、正确接收 i 数据包的概率,那么

$$\varphi(n,i) = \pi(G)[\varphi_{G_0 G_i}(n) + \varphi_{G_0 B_i}(n)] + \pi(B)[\varphi_{B_0 G_i}(n) + \varphi_{B_0 B_i}(n)] \quad (4\text{-}17)$$

其中,$\pi(G) = \dfrac{p_{BG}}{p_{GB} + p_{BG}}$ 和 $\pi(B) = \dfrac{p_{GB}}{p_{GB} + p_{BG}}$ 是初始 Gilbert 模型稳定状态时的概率。概率值 $\varphi(n,i)$ 可以用任意两个表现 Gilbert 记忆信道特性的参数计算出来,如 p_{GB} 和 p_{BG}(或者 $p_{GG}=1-p_{GB}$ 和 $p_{BB}=1-p_{BG}$)。

2. 可解码率控制

对于 FEC 编码,通常关心的是一个节点接收到足够的数据包来解码一个 FEC 数据块的概率,即可解码率[100,103,104]。对于 RS(n,k) 编码,这个概率是

$$p(i \geqslant k) = \sum_{i=k}^{n} \varphi(n,i) \quad (4\text{-}18)$$

用 $p_{v|v-1}(i,j)$ 表示节点 v 在其父节点 $v-1$ 发送 j 个包时接收到 i 个包的概率,对无记忆丢包链路,概率是简单的二项式分布:

$$p_{v|v-1}(i,j) = \begin{bmatrix} j \\ i \end{bmatrix}(1-p)^i p^{j-i} \quad (4\text{-}19)$$

如果丢包服从 Gilbert 模型,则

$$p_{v|v-1}(i,j) = \varphi(j,i) \quad (4\text{-}20)$$

从式(4-17)有

$$p_{v|v-1}(i,j) = \pi(G)[\varphi_{G_0 G_i}(j) + \varphi_{G_0 B_i}(j)] + \pi(B)[\varphi_{B_0 G_i}(j) + \varphi_{B_0 B_i}(j)] \quad (4\text{-}21)$$

当计算节点 v 接收 i 个包的概率 $p_v(i)$ 时,要考虑两种情况。首先,父节点 $v-1$ 没有编解码;其次,父节点 $v-1$ 有一个 FEC 编解码器。

如果没有编解码,则概率是

$$p_v(i) = \sum_{j=i}^{n} p_{v-1}(j) p_{v|v-1}(i,j) \quad (4\text{-}22)$$

注意,$p_{v|v-1}(i,j)=0$ 时,$\forall j<i$。也就是说,当父节点 $v-1$ 发送的数据包 j 小于 i 时,节点 v 接收 i 个包的概率为 0。

当一个节点中布置有一个 RS(n,k) 的编解码器时,如果该节点接收少于 k 个包,则不能对 FEC 块解码,只要正常的向前传输接收的数据包;如果接收到 k 个或更多数据包,则节点可以解码数据块,并重建原始数据,还可以恢复丢失的校验包。在本节中,我们假设 FEC 编解码器重建原始数据和恢复丢失的校验包采用相同的 RS(n,k) 码。一个具有 FEC 编解码器的节点接收到 $k<j<n$ 个数据包将发送 n 个包。

如果节点 v 的父节点 $v-1$ 有编解码器,则节点 v 接收 i 个包的概率变为

$$p_v(i) = \begin{cases} \sum_{j=k}^{n} p_{v-1}(j) p_{v|v-1}(i,n), & k \leqslant i \leqslant n \\ \sum_{j=k}^{n} p_{v-1}(j) p_{v|v-1}(i,n) + \sum_{j=i}^{k-1} p_{v-1}(j) p_{v|v-1}(i,n), & 0 \leqslant i \leqslant k \end{cases}$$

(4-23)

对树的根节点 r,定义:

$$p_r(i) = \begin{cases} 0, & 0 \leqslant i \leqslant n-1 \\ 1, & i = n \end{cases}$$

(4-24)

式(4-22)和(4-23)都是递归函数,从式(4-24)中的初始状态,可以计算组播树中任意节点 v 接收 i 个包的概率 $p_v(i)$ 表示节点 v 可以解码一个 RS(n,k) 块的概率:

$$p_v^{dec} = p_v(i > k) = \sum_{i=k}^{n} p_v(i)$$

(4-25)

用 T_l^r 表示组播树 T 中除根节点以外的所有子节点,$|T_l^r|$ 表示除根节点以外的所有子节点的个数,则覆盖网络中树 T 的平均可解码率为

$$p_{avg-leaf}^{dec} = \frac{\sum_{v \in T_l^r} p_v^{dec}}{|T_l^r|}$$

(4-26)

4.3.3 实验模型及仿真分析

1. 分层结构的 FEC 控制模型

在本章系统中,多媒体经过实时压缩,通过应用层组播网络,流媒体服务器接收到客户端的请求后,应用层 QoS 控制层根据 QoS 要求和网络状况调整压缩媒体流的参数,然后流媒体传输层对其进行打包并进行连续媒体分发,客户端接收到媒体流后,通过媒体同步技术进行播放。图 4-21 显示了视频传输控制系统框架。

流媒体数据要通过网络传输给用户,高效的压缩编码技术可以极大地降低流媒体对网络带宽的要求,提高流媒体 QoS。

在应用层采用各种 QoS 控制技术,通过使源端或目的端自适应地调整自己的行为、调整视频业务通信量对网络的需求和依赖来适应现有网络,提高视频传输的服务质量,实现网络资源的高效利用,显得尤为重要。应用层的 QoS 控制策略主

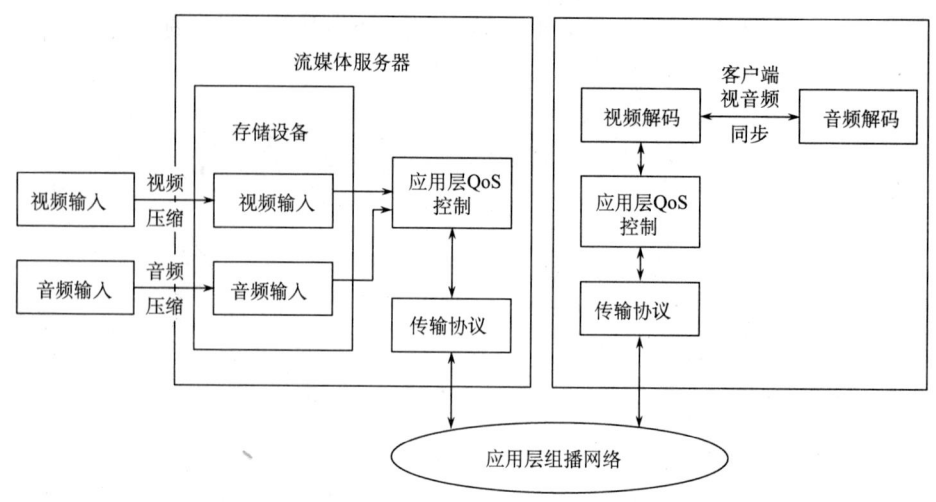

图 4-21 视频传输控制系统框架

要有拥塞控制和差错控制,前者致力于降低时延和消除分组丢失,后者用于在有分组丢失的情况下提高恢复视频的质量。我们可以用四个基本参数来描述每一个流的需求特征:可靠性、延时、抖动和带宽。这四个特征合起来决定了一个流的服务质量。分层结构的 FEC 控制模型如图 4-22 所示[23]。

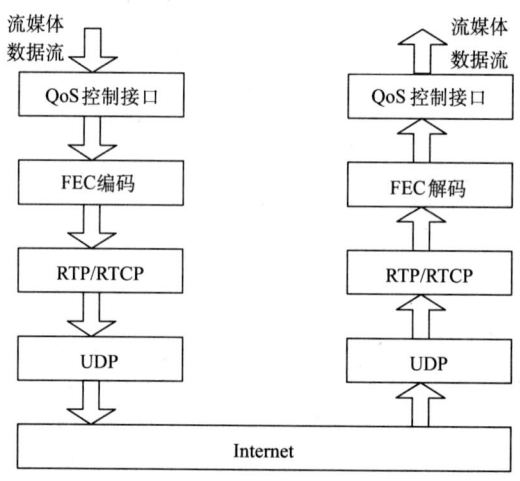

图 4-22 分层结构的 QoS 控制模型

该模型从三个方面解决 QoS 问题。首先,通过分层控制的方法将 QoS 控制这个复杂的问题分配到每一层实现,各层之间相互独立,下层向上层提供透明的服务;其次,各层之间也有参数的协商和信息的传递,可以根据需要增加或减少控制的层次;最后各层次间协调工作,形成一个完整的分布式 FEC 控制模型。

(1) UDP 层:使用 Winsock 对数据进行 UDP 封装,使之适合 IP 网络的传输,为上层提供调用接口。

(2) RTP/RTCP 层:RTP 协议负责流媒体数据的传输,RTCP 协议负责网络状态的监控。

(3) 前向纠错层(FEC):解决 UDP 协议不可靠传输的问题,对流媒体数据进行冗余编码,为上一层提供可靠的传输服务。

(4) QoS 控制接口:在发送端主要是速率控制和流量整形,在接收端主要是通过缓存区管理解决网络传输的抖动问题。

2. 仿真分析

本章使用 NS2 网络仿真器来仿真视频流的实时传输,由于应用层组播中的每一跳经常由几个基本的物理跳组成,这意味着每一跳的丢包率可能比 IP 组播模型中主干链路的丢包率要高。这里丢包率分别取 3%、4% 和 5%,将上述分析的方法应用到一个具有 100 个节点的随机组播树结构中,用贪婪算法在组播树中分布 FEC 编解码器。编解码器的数目从 0 增加到 10。当每个编解码器都布置好后,计算平均可解码率能提高多少。仿真结果如图 4-23 所示。

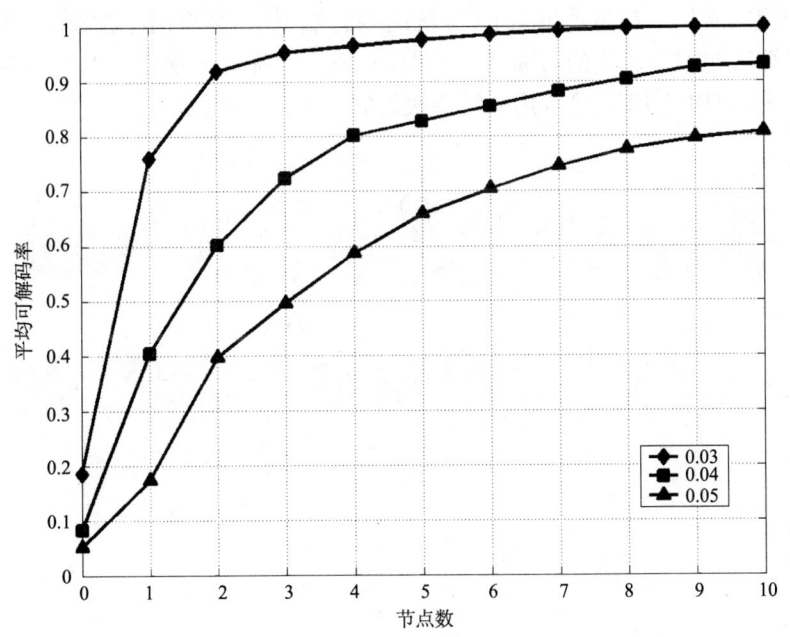

图 4-23　所有节点的平均可解码率

从图 4-23 中可以看出,当没有加入编解码器时,三种丢包率情况下的 FEC 块可解码率都非常低。比如,如果链路丢包率是 3%,平均可解码率只有 18.5%。随着编解码器数目增加,可解码率也显著增加。可以发现,布置相对较少的编解码器可以很快地增大可解码率。如 3% 的链路丢包率,第一个编解码器将可解码率从 18.5% 增加到 75.9%;前三个编解码器将可解码率上升为 95.3%;当编解码器增加到 10 时,可解码率达到 99.9%。这意味着当信道编码效率很高时,我们可以用 FEC 达到一个很高的可靠性水平。表 4-2 列出了 m 分别取 0~4 时树中所有节点的平均可解码率。

表 4-2 平均可解码率随着丢包率及编解码器数目的变化

节点数	$p=3\%$	$p=4\%$	$p=5\%$
0	18.5%	8.2%	5.1%
1	75.9%	40.5%	17.4%
2	91.9%	60.2%	39.7%
3	95.3%	72.4%	49.6%
4	96.2%	80.1%	58.7%

对一个典型的视频应用,将平均可解码率从 18% 提高到 96%,将极大地改善接收的视频质量。在高丢包率下,传统的端到端 FEC 会采用非常低的 FEC 编码率来降低丢包率达到高的可靠性。然而,这极大地降低了视频源的传输效率。这种情况下,应用层 FEC 可以用来维持较高的可靠性,同时提高 FEC 编码效率。

第5章 矿井高丢包网络环境下视频数据差错隐藏方法研究

差错隐藏技术是在解码端利用已经完成解码的帧估计受损块的编码模式,并根据相应编码模式得到相关的预测矢量,恢复出可以代替受损块的预测块,实现差错隐藏。本章主要分析研究时域隐藏算法、空域隐藏算法、时空域自适应结合的差错隐藏以及视域的视差矢量预测技术。

5.1 差错隐藏方法特点

差错控制技术是对视频通信系统传输过程中发生误码和丢包采取相应的措施进行控制,能够使解码端在有差错的情况下仍然得到比较好的视频效果。随着人们对视频实时性、可靠性的要求越来越高,差错控制机制也受到研究人员的重视,主要有下面几个原因[105]:

(1) 在信源编码端对视频流进行编码压缩的过程中,利用视频帧的相关性进行预测编码,并且采用了可变长编码,使视频流在传输过程中很容易发生误码。

(2) 传输网络是不可靠的"尽力而为"的通信网络,在视频流传输过程中不可避免会发生丢包事件,而且视频源也具有时变特性,增加了视频通信的不可靠性。

(3) 视频源以很高的码率传输视频帧,过于复杂的纠错重传会增加视频源负担,简单有效的差错控制机制显得很重要。

本章主要研究视频数据的差错隐藏方法。与FEC不同的是,差错隐藏方法利用已经到达解码端的像素点与发生误码的像素点之间空域和时域存在的相关性,把差错像素点预测估计出来,从而重建受损像素点,不需要前端编码器对有效视频码流的结构做出特定的改变,避免了编码复杂度的增加并保证了传输过程中的实时性,只需要在视频通信系统的解码端加入差错隐藏模块,就可以降低视频通信中差错对解码效果的影响,而且具有很强的通用性和可移植性,因而受到研究人员的重视,具有重要的现实意义。

5.2 时域差错隐藏算法研究与分析

时域差错隐藏算法是利用视频序列在时间上的相关性,即受损帧前后时刻的帧与受损帧存在的运动矢量(motion vector,MV),来对受损块进行估计,用预测得到的运动补偿块来对受损块进行重建。时域差错隐藏算法是以受损块相邻时刻的对应块作为参考,补偿相应的运动矢量得到受损块的预测块,但当受损块运动比较剧烈时,很可能相邻时刻就不能作为参考,预测的准确度会下降,隐藏效果不理想,因此时域差错隐藏算法适用于受损块运动不是很剧烈的场合。

近年来,时域差错隐藏算法取得比较多的研究成果,如零运动矢量法、利用参考帧中对应宏块预测法、相邻对应宏块的均值预测法、相邻对应宏块的中值预测法等[106]。另外利用空间上的平滑特性来估计受损宏块的与参考宏块间的运动矢量的边界匹配算法[51](boundary matching algorithm,BMA)可以得到更准确的运动矢量。但是边界匹配算法在差错隐藏的过程中存在着边缘匹配的局限性,有学者提出边框匹配算法[54],利用受损块的相邻帧中的对应宏块之间运动的一致性来对受损块的运动向量进行估计,可以克服边界匹配算法的局限性,但是计算量比较大。本节研究上述几种经典的时域差错隐藏算法,比较各种算法的优缺点及其在不同运用场合下的性能,同时针对边框匹配算法运算量比较大的特点,对其做了简化,降低了运算复杂度,更加适用于实时视频系统中。

5.2.1 零运动矢量法

零运动矢量法是视频通信系统中最早出现的后向差错隐藏算法。此算法不考虑图像帧的运动变化,假设运动矢量 MV 为零,解码端解码时直接采用前面已经完成解码的帧中对应位置的宏块代替丢失或受损的宏块[107],如图 5-1 所示。由于算法实现过程比较简易,没有过多的运算量,处理延时比较小,可以满足视频通信系统的实时性要求,早期得到比较广泛的应用。但是视频序列中受损宏块的实际运动矢量大都不为零,如果视频帧的是相对静止或仅是有很小的位移,这种方法效果很显著。如果视频序列不是静止的,运动变化比较剧烈的情况下,参考块与受损块之间就存在着很大的位移,直接代替受损块的方法隐藏效果比较差。

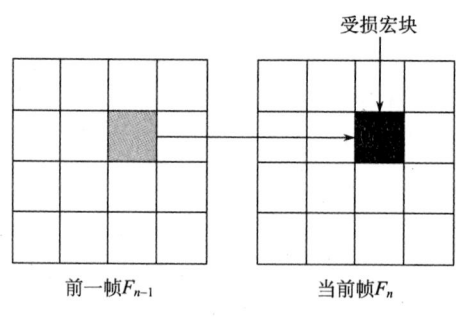

图 5-1 零运动矢量法示意图

5.2.2 边界匹配算法

零运动矢量法把受损块的运动矢量置为零，当图像帧的运动比较剧烈时，受损块重建效果不理想。针对这个情况，Lam提出了运动矢量估计的另一种方法，基于边界匹配的运动矢量估计算法，改进了零运动矢量法，BMA首先根据受损块所在图像帧的边界情况估计出候选运动矢量列表，再采用边界空间平滑的规则，计算候选运动矢量列表中的每一个运动矢量在受损块边界上的边界匹配误差值，取得具有边界匹配误差的最小绝对差和(sum of absolute difference，SAD)的参考块作为受损块的最佳匹配块，然后再用最佳匹配块进行相应的运动补偿后替代受损块，实现差错隐藏[50]。

假设序列中的第 n 帧中的一个宏块发生错误，用 f_n 代表序列的第 n 帧，$M_n(x,y)$ 代表发生错误的受损块，(x,y) 代表受损块左上角在序列的 f_n 帧中的坐标，受损块 $M_n(x,y)$ 的运动矢量为 $d_{m_n}(x,y)$，$C_{m_n}(x,y)$ 代表受损块边界预测出来的候选运动矢量列表，则受损块的最佳边界匹配运动矢量，即取得边界匹配误差的最小 SAD 的运动矢量定义为

$$d_{m_n}^*(x,y) = \arg_{d_{m_n}(x,y) \in C_{m_n}(x,y)} \min(D_U + D_L + D_D + D_R) \quad (5-1)$$

如图5-2所示，受损块 $M_n(x,y)$ 的上边界像素得到的边界匹配误差 D_U 就是受损块上边界附近像素和受损块的预测块之间的 SAD，D_U 计算也就是 SAD 的计算，如式(5-2)所示：

$$D_U = \sum_{i=0}^{15} |\hat{f}_n(x+i,y) - f_n(x+i,y-1)| \quad (5-2)$$

其中，$\hat{f}_n(x,y)$ 是序列当前帧 $f_n(x,y)$ 的运动估计的补偿量。

同样的，D_D、D_L、D_R 分别表示受损块 $M_n(x,y)$ 下边界、左边界和右边界周围像素的边界匹配误差，计算方法可以按照 D_U 的方法。

对受损块的隐藏主要是采用该宏块的最佳边界匹配 MV，由式(5-1)得到，给受损块加上相应的运动补偿量，从而实现重建受损块。其最佳边界匹配 MV 的运动补偿量计算过程如式(5-3)所示：

$$\hat{f}_n(x,y) = f_{n-1}(x+d_{m_n}^x(x,y), y+d_{m_n}^y(x,y)) \quad (5-3)$$

边界匹配算法可以较好地估计出受损宏块的运动矢量，但是如果受损宏块的位置在物体的边界处，那么受损块像素的亮度值就不能用其周围像素的亮度值来进行估计，由于宏块的像素亮度值会在物体边界发生巨大的变化，采用边界的空间平滑性规则来对受损宏块的像素值进行预测的准确性就很低，甚至会导致差错隐藏失败[108,109]。受损宏块亮度值在物体边界的巨变如图5-3所示，灰色三角形物体

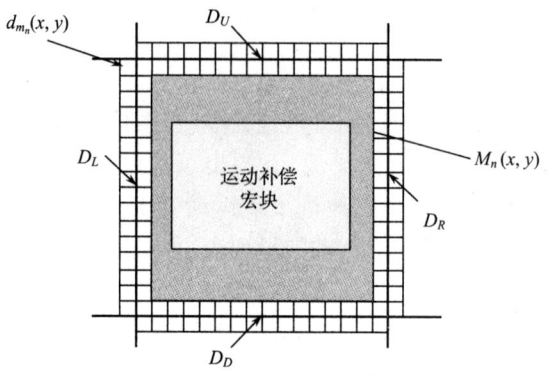

图 5-2 边界匹配算法示意图

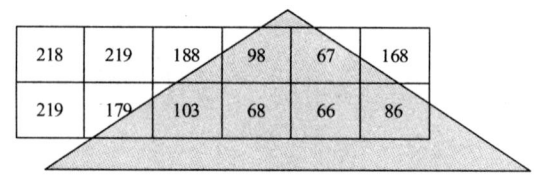

图 5-3 受损宏块亮度值在物体边界的巨变

边缘上像素的亮度值和白色背景像素的亮度值之间存在着比较大的差异,而边界匹配误差是由周围像素值算出来的,也就是说实际正确运动矢量的边界匹配差值就会很大,而根据边界匹配的规则,就会选择具有最小边界匹配差值的运动矢量,即正确的运动矢量不会被选中,利用不正确的运动矢量进行补偿,受损宏块重建就会失败,差错隐藏效果不理想。

5.2.3 边框匹配算法

边界匹配算法在物体边缘处的隐藏效果存在很大的问题,边框匹配算法利用受损块周围宏块运动的一致性规则来对受损块的运动矢量进行估计,而不再是利用边界像素的空间平滑性规则,因此,边框匹配算法可能避免在物体边缘的受损块差错隐藏的局限性[53]。

受损块周围像素的运动一致性可以理解为受损块相邻宏块的边界像素和参考帧中的预测补偿块周围边界像素的匹配误差值,匹配边界的大小可以定为1~8个像素点[110,111],如图5-4所示,其中,受损宏块周围四个方向上的相邻像素都没有发生差错,定义匹配边界大小为1个像素。边框匹配就是将受损块相邻宏块的边界像素和参考帧中的预测补偿块周围边界像素的进行匹配的过程。

假设序列中的第 n 帧中的一个宏块发生差错,用 f_n 代表序列的第 n 帧, $M_n(x,y)$ 代表发生差错的受损块,(x,y) 代表受损块左上角在序列的 f_t 帧中的坐标,受损块 $M_n(x,y)$ 的运动矢量为 $d_{m_n}(x,y)$,$C_{m_n}(x,y)$ 代表受损块边界预测出来的候选运动矢量列表,则受损块的最佳边界匹配运动矢量,即取得边界匹配误差的最小 SAD 的运动矢量定义为

$$d^*_{m_n}(x,y) = \arg_{d_{m_n}(x,y) \in C_{m_n}(x,y)} \min(D_U + D_L + D_D + D_R) \quad (5-4)$$

如图 5-4 所示,受损宏块 $M_n(x,y)$ 的上边界像素得到的边界匹配误差 D_U 就是受损块上边界附近像素和受损块的预测块之间的 SAD,D_U 计算也就是 SAD 的计算,如式(5-5)所示:

$$D_U = \sum_{i=0}^{15} |\hat{f}_n(x+i,y) - f_n(x+i,y-1)| \quad (5-5)$$

其中,$\hat{f}_n(x,y)$ 是序列当前帧 $f_n(x,y)$ 的运动估计的补偿量。

同样的,D_D、D_L、D_R 分别表示受损块 $M_n(x,y)$ 下边界、左边界和右边界周围像素的边界匹配误差,计算方法可以按照 D_U 的方法。

对受损块的隐藏主要是采用该宏块的最佳边界匹配 MV,由式(5-4)得到,给受块加上相应的运动补偿量,从而实现受损块重建。其最佳边界匹配 MV 的运动补偿量计算过程如式(5-6)所示:

$$\hat{f}_n(x,y) = f_{n-1}(x + d^x_{m_n}(x,y), y + d^y_{m_n}(x,y)) \quad (5-6)$$

虽然边框匹配算法能较好地隐藏物体边缘处的受损块,得到运动矢量也比较精确,但是它也是需要从参考帧的对应块及周围 9 个宏块中获取到受损块的运动矢量 MV,这个与边界匹配算法一样,直接的问题是算法运算复杂度高,处理延时大,不满足视频通信系统的实时性要求。

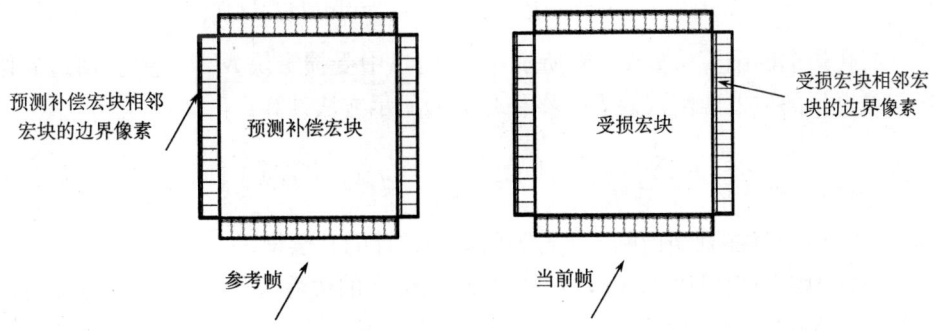

图 5-4 边框匹配算法的边框匹配区域

5.2.4 简化的边框匹配算法

虽然边框匹配算法克服了零运动矢量算法在受损块运动比较剧烈的情况下存在的局限性,且解决了边界匹配法对受损块处于物体边缘处时运动矢量估计不准确的问题,但是该算法是选取周围边界所有像素的运动一致性来估计受损块的运动矢量,运算复杂度高,为此,本节提供一种简化的边框匹配算法。

简化的边框匹配算法在进行运动矢量估计时只搜索上边界和左边界的像素,并做出一定的改变。如图 5-5 所示,首先把左边界和上边界分别向周围增大一个像素大小,之后再把上边界的范围向左、右两个方向分别增加 16 个像素的大小,同样,左边界的范围也向上、下两个方向分别增加 16 个像素的大小,这样上边界和左边界的范围就构成了简化边框的搜索范围,如图 5-5 所示,受损块的运动矢量估计时只在这个范围里进行搜索匹配,分别计算扩大后的左边框和上边框与丢失块的左边框和上边框的边框匹配误差,取具有最小边框匹配误差的运动矢量作为最佳匹配的运动矢量,采用该运动矢量对受损块进行运动补偿得到重建块。接着计算上述参考帧中改进后的左边框和上边框里像素和受损块相应左边框和上边框像素的边框匹配误差值,取得具有边界匹配误差的最小 SAD 参考块作为受损块的最佳匹配块,然后再用最佳匹配块进行相应的运动补偿后替代受损块,达到恢复受损块的目的。

假设序列中的第 n 帧中的一个宏块发生错误,用 f_n 代表序列的第 n 帧,$M_n(x,y)$ 代表发生差错的受损块,(x,y) 代表受损块左上角在序列的 f_n 帧中的坐标,受损块 $M_n(x,y)$ 的运动矢量为 $d_{m_n}(x,y)$,$C_{m_n}(x,y)$ 代表受损块边界预测出来的候选运动矢量列表,则受损块的最佳边界匹配运动矢量,即取得边界匹配误差的最小 SAD 的运动矢量定义为

$$d_{m_n}^*(x,y) = \arg_{d_{m_n}(x,y) \in C_{m_n}(x,y)} \min(D_U, D_L) \tag{5-7}$$

简化边框匹配算法如图 5-6 所示,搜索窗口中受损宏块 $M_n(x,y)$ 上面边界像素与参考块的边框匹配误差 D_U 采用式(5-8)所示方法计算:

$$D_U = \sum_{i=0}^{15} |\hat{f}_n(x+i, y-1) - f_n(x+i, y-1)| \tag{5-8}$$

其中,$\hat{f}_n(x,y)$ 是序列当前帧 $f_n(x,y)$ 的运动估计的补偿量。

同样地表示受损块 $M_n(x,y)$ 左边界周围像素的边框匹配误差,计算方法可以按照 D_U 的方法。

对受损块的隐藏主要是采用该宏块的最佳边界匹配 MV,由式(5-7)得到,给受损块加上相应的运动补偿量,从而实现重建受损块。其最佳边界匹配 MV 的运

动补偿量计算过程如式(5-9)所示：

$$\hat{f}_n(x,y) = f_{n-1}(x+d_{m_n}^x(x,y), y+d_{m_n}^y(x,y)) \qquad (5-9)$$

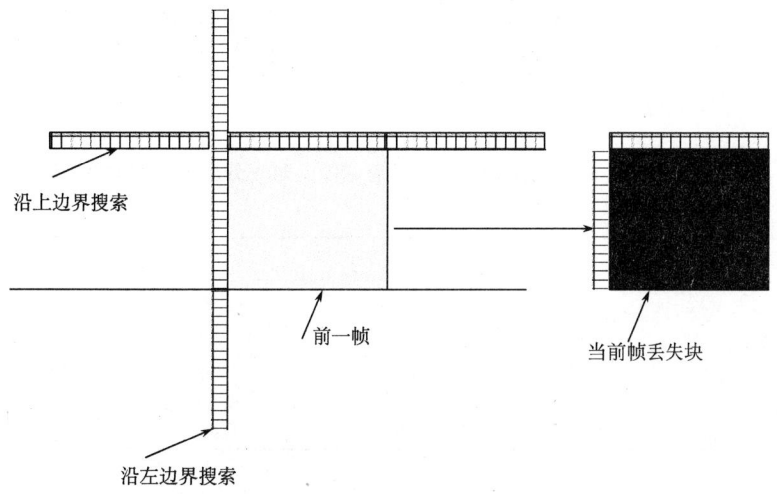

图 5-5 搜索范围示意图

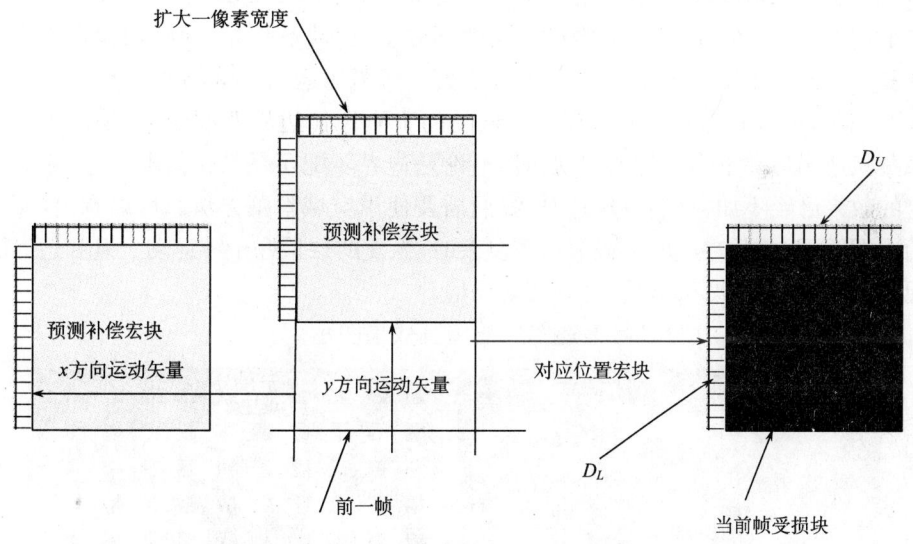

图 5-6 简化边框匹配算法示意图

5.2.5 实验结果与分析

本节选取"mobile""foreman""deadline""football"的第 4～8 帧图像进行测试。表 5-1 显示了在单帧图像宏块丢失率为 20% 的情况下,各种算法对不同图像隐藏后的 PSNR 对比结果。

表 5-1 使用第 4～8 帧图像进行时域差错隐藏时 y 分量的平均 PSNR 对比

(单位:dB)

算法	mobile	foreman	deadline	football
零运动矢量	21.87	36.95	24.35	26.30
边界匹配	26.69	37.27	31.04	30.67
边框匹配	30.71	42.47	42.01	30.56
简化边框匹配	27.35	37.19	35.52	26.85

从实验结果可以看出,简化的边框匹配算法对图像恢复的 PSNR 比零运动矢量法平均要好出 0.24～11.18 dB。该算法运算量是传统边界匹配算法运算量的 4%,对于图像边缘较多、纹理复杂的帧,该算法恢复的 PSNR 比传统边界匹配算法平均好出 1.62～4.26 dB;而对于纹理不复杂、运动不是非常剧烈的帧,该算法恢复的质量与传统边界匹配算法相差不大。当图像运动非常剧烈时,例如"football"图像,尽管简化的边框匹配算法恢复的 PSNR 比边界匹配低,但是由于时域隐藏只适用运动不剧烈的图像,此时,不论是边界匹配还是简化边框匹配,它们恢复的效果已经不如空域隐藏,这时,我们需要使用空域隐藏方法。可以看出,简化的边框匹配在图像运动不剧烈、纹理复杂时,恢复的效果好于零运动矢量和边界匹配算法,算法复杂度很低,适合于实时通信。

图 5-7～图 5-10 分别是上述图像的仿真效果图示。

 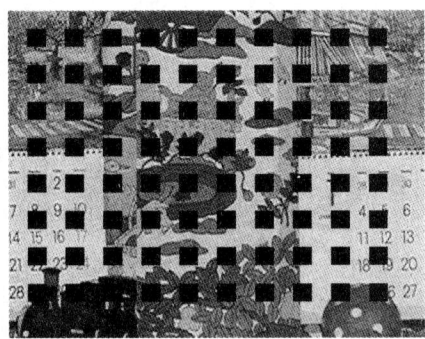

(a) 无错误　　　　　　　　　　(b) 错误模板

(c) 零运动矢量PSNR=26.37dB (d) 边界匹配PSNR=26.37dB

(e) 边框匹配PSNR=30.74dB (f) 简化边框匹配PSNR=27.40dB

图 5-7　mobile 序列第 8 帧几种算法对图恢复的结果

(a) 无错误 (b) 错误模板

(c) 零运动矢量PSNR=36.36dB　　　　　(d) 边界匹配PSNR=37.26dB

(e) 边框匹配PSNR=42.37dB　　　　　(f) 简化边框匹配PSNR=36.43dB

图 5-8　foreman 序列第 4 帧几种算法对图恢复的结果

(a) 无错误　　　　　　　　　　　(b) 错误模板

第 5 章　矿井高丢包网络环境下视频数据差错隐藏方法研究　　　· 109 ·

(c) 零运动矢量PSNR=24.50dB

(d) 边界匹配PSNR=29.63dB

(e) 边框匹配PSNR=42.12dB

(f) 简化边框匹配PSNR=37.69dB

图 5-9　deadline 序列第 5 帧几种算法对图恢复的结果

(a) 无错误

(b) 错误模板

(c) 零运动矢量PSNR=26.20dB　　　(d) 边界匹配PSNR=30.25dB

(e) 边框匹配PSNR=29.92dB　　　(f) 简化边框匹配PSNR=26.99dB

图 5-10　football 序列第 7 帧几种算法对图恢复的结果

5.3　空域差错隐藏算法研究与实现

图像帧中像素与周围像素间存在一定的空间相关性,通过分析周围像素可以预测出受损宏块的像素。空域差错隐藏算法就是利用序列图像帧的空间平滑特性,通过受损块所在帧周围块的相关性来预测受损块实现重建受损块。当图像帧中运动矢量不存在或者受损块运动比较剧烈的时候,采用空域差错隐藏算法可以取得比较好的效果。

Wang 等提出了最大平滑恢复准则,实现通过周围像素来进行差错隐藏[112]。常用的空域差错隐藏算法主要有 Sun 等提出的凸集投影(projection onto convex sets,POCS)[113],迭代次数多时图像恢复效果很好,但是运算量很大。双线性内插法也是一种比较常用的方法,但是当受损宏块区域存在图像物体边缘或物体纹理的区域时就会引起模糊的块效应[114]。为此,Suh 等提出了沿着边缘方向进行插值的方向插值算法[115]。多边缘方向插值算法主要是为了可以估计受损宏块的多条边缘,由 Kwok 等提出,通过 Sobel 算子搜索穿过受损块的强边缘,并沿着搜索到的多条边缘实施多方向插值[106]。Ma 等提出对受损块的边缘实行粗糙检测,从而降低边缘检测过程的运算复杂度[51]。

本节先研究双线性内插法[114]、传统方向插值算法[115]以及多方向插值算法[51],指出它们的优劣以及适用环境,在此基础上对多方向插值算法进行了改进,并实现了空域自适应差错隐藏算法。

5.3.1 双线性内插法

双线性内插算法的主要思想是采用受损宏块周围的边界像素灰度值的加权平均值来代替受损宏块,进行插值时的权值由参考像素决定,即受损块周围的像素与受损像素之和的距离,距离越大权值越小,反之亦然[114],如图 5-11 所示。中间白色底的为受损宏块,黑色的像素为准备插值的像素,该待插值像素距离受宏块边界周围像素分别为 D_1、D_2、D_3、D_4,而周围边界上对应的内个像素值分别为 Y_1、Y_2、Y_3、Y_4,双线性内插法把待插值的像素 Y 定义为如式(5-10)所示:

$$Y = \frac{Y_1 * D_2 + Y_2 * D_1 + Y_3 * D_4 + Y_4 * D_3}{D_1 + D_2 + D_3 + D_4} \tag{5-10}$$

双线性内插算法适用于当受损宏块所在范围内的图像变化比较缓慢平滑的情况下,然而当受损块所在区域处于物体的边缘或者纹理时,此算法恢复出来的受损块边缘就比较不准确,运用这些边缘插值重建受损块就会很模糊。

5.3.2 传统方向插值算法

双线性内插法存在一定的低通特性,如果受损块区域处于物体边缘或纹理之上,受损块的边缘无法估计出来,图像重建效果不理想,对此 Suh 等提出了基于边缘检测的方向插值算法[115],可以恢复出受损宏块的一个边缘。主要思想是在受损块周围像素中进行边缘的检测,之后沿着检测到边缘的方向实行方向插值。

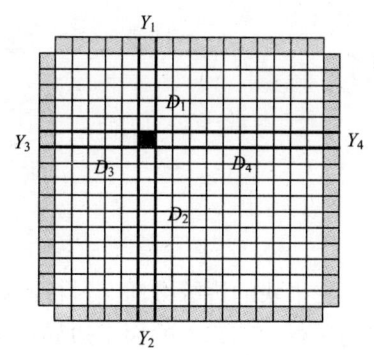

图 5-11 双线性内插法

对于边缘检测,检测算子可以用来在受损块的周围 8 个已经正确解码的宏块中进行检测,提取出受损宏块的边缘信息,从而得到受损宏块区域中的边缘信息,为了预测出受损宏块中存在的边缘,文献[113]提出了以 Sobel 算子对受损块区域中的边缘进行检测。Sobel 算子如式(5-11)所示：

$$\begin{bmatrix} -1 & -2 & -1 \\ 0 & 0 & 0 \\ 1 & 2 & 1 \end{bmatrix}, \begin{bmatrix} -1 & 0 & 1 \\ -2 & 0 & 2 \\ -1 & 0 & 1 \end{bmatrix} \quad (5-11)$$

采用 Sobel 算子进行边缘检测，首先在受损块周围大小为 3×3 的区域中，计算该区域内所有像素点 p_{ij} 的边缘信息，检测以后，区域内每一个像素都对应着一个边缘信息的矢量，垂直分量定义为式(5-12)所示，水平分量定义为式(5-13)所示：

$$dx_{i,j} = p_{i-1,j+1} + 2p_{i,j+1} + p_{i+1,j+1} - p_{i-1,j-1} - 2p_{i,j-1} - p_{i+1,j-1} \quad (5-12)$$

$$dy_{i,j} = p_{i+1,j-1} + 2p_{i+1,j} + p_{i+1,j+1} - p_{i-1,j-1} - 2p_{i-1,j} - p_{i-1,j+1} \quad (5-13)$$

根据矢量的点可知，边缘矢量的幅值大小可以由式(5-14)来计算：

$$Amp(i,j) = \sqrt{dx_{i,j}^2 + dy_{i,j}^2} \quad (5-14)$$

而检测到边缘方向就是边缘矢量的方向如式(5-15)所示：

$$Ang(i,j) = \arctan\left(\frac{dy_{i,j}}{dx_{i,j}}\right) \quad (5-15)$$

一个图像中主要的边缘方向可以分成 8 个，因此受损块区域中的边缘方向可以定义为一个边缘方向列表 D_n，边缘方向列表的取值如图 5-12 所示，从 0°到 180°之间每隔 22.5°出现一个。在检测过程中，把每一个检测到的方向就近归类到 8 个主要方向中去，如果该方向穿过了受损块所在区域，就把该方向矢量的幅值记录下来，依次累加，最后哪一个方向上的幅值累加值最大，就判定受损块的边缘方向为此边缘方向。

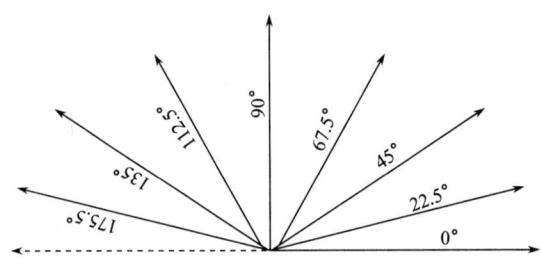

图 5-12　边缘方向的主要分类

受损块的边缘方向经过检测确定下来以后，就可以沿着边缘方向，利用与边缘方向平行的直线上的周围边界像素对受损块的像素进行加权平均的线性插值从而重建出受损块，实现差错隐藏。如图 5-13 所示。

沿边缘方向的加权平均线性插值如式(5-16)所示：

$$P = \frac{\frac{1}{D_1}P_1 + \frac{1}{D_2}P_2}{\frac{1}{D_1} + \frac{1}{D_2}} \quad (5\text{-}16)$$

其中，P 为受损的像素值；D_1 表示像素点 P 和位于受损块周围对应的边界像素 P_1 之间的距离；D_2 表示像素点 P 和位于受损块周围对应的边界像素 P_2 之间的距离。

然而，传统方向插值方法只能检测出受损宏块中的一条边缘，不能预测出受损宏块区域中穿过的多条边缘。

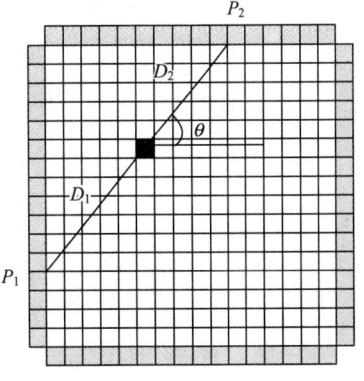

图 5-13　方向插值法

5.3.3　多方向插值法

传统方向插值方法只能检测出受损宏块中的一条边缘，不能预测出受损宏块区域中穿过的多条边缘。多方向插值法在受损宏块区域内使用粗糙边缘检测的方法对边缘方向进行检测，得到受损块的边缘方向的集合，然后沿着边缘方向集合里的每一个方向采用自适应的方向内插方法作插值，受损块最终的重建由每个方向上插值的结果遵循一定的规则进行组合后的值决定[51]。

对边缘块，其可能包含多条强边缘。文献[51]先对丢失块边缘进行粗检测，如图 5-14 所示，其中，中间白底的是受损宏块，边界斜画线部分为受损块邻块的边界像素。

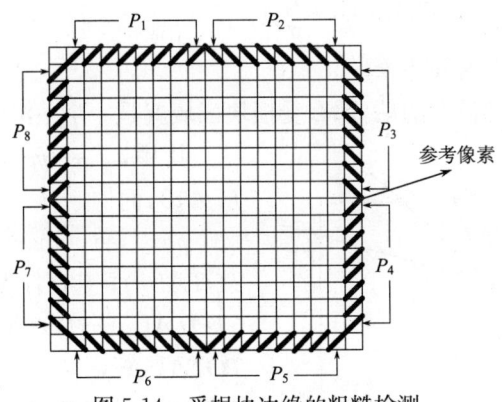

图 5-14　受损块边缘的粗糙检测

把受损宏块周围边界上已经无误码接收的像素作为参考像素，根据位置不同可以划分成 8 个部分，分别用符号 P_1、P_2、P_3、P_4、P_5、P_6、P_7、P_8 来表示。把每一个部分像素的灰度值的总和定义为 $TOTAL_n$，n 的取值是 1～8。

边缘的粗糙检测方法只在水平方向、垂直方向、对角线方向和次对角线方向四个方向上进行边缘的判断。

假设 T 为判断的阈值,如果
$$|(TOTAL_5+TOTAL_6)-(TOTAL_1+TOTAL_2)|>T$$
而且
$$|(TOTAL_7+TOTAL_8)-(TOTAL_3+TOTAL_4)|<\frac{T}{4}$$
受损块在水平方向上有强边缘。

同样的,
$$|(TOTAL_7+TOTAL_8)-(TOTAL_3+TOTAL_4)|>T$$
而且
$$|(TOTAL_1+TOTAL_2)-(TOTAL_5+TOTAL_6)|<\frac{T}{4}$$
就是受损块垂直方向有强边缘。

如果
$$|(TOTAL_2+TOTAL_3)-(TOTAL_6+TOTAL_7)|-|(TOTAL_1+TOTAL_8)-(TOTAL_4+TOTAL_5)|>\frac{T}{6}$$
就是对角线方向上有强边缘。

如果
$$|(TOTAL_1+TOTAL_8)-(TOTAL_4+TOTAL_5)|-|(TOTAL_2+TOTAL_3)-(TOTAL_6+TOTAL_7)|>\frac{T}{6}$$
就是次对角线方向上有强边缘。

如果上述情况都没有的话,那么受损块区域就是一个平滑区域。

其中,$T = pd \times 16 \times 0.8$,$pd = f(pav)$,而

$pav = \max \{(TOTAL_1 + TOTAL_8), (TOTAL_2 + TOTAL_3), (TOTAL_4 + TOTAL_5), (TOTAL_6 + TOTAL_7)\}$

上述判断过程比较粗糙,不能得到比较准确的边缘方向信息,自适应方向内插算法可以对边缘进行更加细致的处理。

首先如 5.3.2 节图 5-12 所示,把边缘方向分成主要的 8 个方向,从 0°到

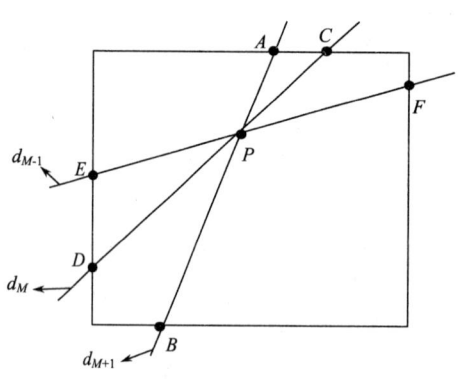

图 5-15 自适应多方向性内插

180°之间每隔 22.5°确定一个方向,构成一个边缘方向列表 d_M,M 的取值是 $0\sim 7$,代表各个区间的方向值。如图 5-15 所示,如果检测到的边缘方向是 d_M,会把 D_{M-1} 和 D_{M+1} 也选中为像素内插的方向。

$$\left.\begin{aligned} dp_{M-1} &= |V_E - V_F| \\ dp_{M+1} &= |V_A - V_B| \end{aligned}\right\} \tag{5-17}$$

$$S_k = \begin{cases} 0, & d_{p_k} > TH \\ 1, & 其他 \end{cases}, \quad k = M-1, M, M+1 \tag{5-18}$$

$$RV_M = f(P,C,D) = \frac{V_C \times L_{PD} + V_D \times L_{PC}}{L_{PC} + L_{PD}} \tag{5-19}$$

$$RV_{M-1} = f(P,E,F) \tag{5-20}$$

$$RV_{M+1} = f(P,A,B) \tag{5-21}$$

其中,V_K 表示边界像素点 K 的图像灰度值;边界邻块的像素点 P 与 K 的间距用 L_{PK} 来表示。假设 TH 取值为 50,则 P 点的灰度值可由下式恢复:

$$V_P = \frac{\sum\limits_{k=M-1}^{M+1} S_k \cdot RV_k \cdot \dfrac{1}{dp_k+1}}{\sum\limits_{k=M-1}^{M+1} S_k \cdot \dfrac{1}{dp_k+1}} \tag{5-22}$$

边缘方向的细致化处理其实就是把多个方向插值的结果进行融合。融合的时候,每个方向上的权值如何分配是算法的关键。局部纹理一般都是单一方向的,所以如果局部纹理的方向和像素插值的方向吻合,这个边缘方向上的两个边界像素点的差值就会很小。所以,权值分配可以选择边界像素的两个端点之间的差值。

算法中由于边界邻块的像素进行内插恢复的过程比较独立,沿着各自的边缘方向进行,与周围像素的相关性比较弱,因此像素的灰度值会出现一定的波动。遇到像素的盲点时,也就是说 S_k 为 0 的情况下,由式(5-22)可知,此像素的灰度值没有办法恢复。这种情况下,就需要对受损块进行平滑处理,一般选用滑动窗口的大小为 3×3,在这个滑动窗口内,全部像素点灰度值的加权平均值将作为受损像素的恢复值。

5.3.4 改进的多方向插值法

多方向插值法使边缘检测过程简单化,降低了算法的运算复杂度,然而弱化的边缘检测导致不能准确地得到受损块的边缘方向,因为实际边缘方向与算法归类的主要方向有可能存在比较大的差距,这样恢复出来的边缘方向就会产生图像的块效应。第二,当图像中存在大量的盲点的时候,比如,局部像素的全部都是盲点,采用平滑窗口取所有像素均值的时候,就会在图像中产生黑点,严重影响差错的隐藏效果。最后,算法需要边缘检测有很好的准确性,才能保证权值分配的合理。但是边缘检测的弱化,使得检测总会存在不是很精确的时候,这时也使得权衡每一个方向上的插值权重变得很困难。针对多方向内插的缺点,本节对其进行改进,具体实现过程叙述如下:

(1) 采用 Sobel 算子对受损块的边缘进行检测,假设 $d_M(M=0,1,\cdots,7)$ 是运用边缘检测方法得到的受损块边缘的最强方向,$C_M(M=0,1,\cdots,7)$ 为这个边缘方向的梯度模值,沿着检测到的最强边缘方向进行插值,如式(5-16)所示。同时,边缘方向 d_{M-1} 和 d_{M+1} 也会被选中作为备选的多方向内插的方向。

(2) 由式(5-23)可以计算出 dp_{M-1}、dp_{M+1} 两个边缘方向的值,把它们与设定的阈值做比较,假如值小于阈值 TH,则表明该边缘方向与图像纹理是一致的,所以它是一个强边缘方向,从而它们会被选择作为像素内插的方向,反之就不会被选中为像素内插的方向。像素 P 点的灰度值计算过程如式(5-23)所示:

$$V_P = \frac{S_{M-1} \cdot RV_{M-1} \cdot C_{M-1} + RV_M \cdot C_M + S_{M+1} \cdot RV_{M+1} \cdot C_{M+1}}{S_{M-1} \cdot C_{M-1} + C_M + S_{M+1} \cdot C_{M+1}} \quad (5-23)$$

可见,本节改进的多方向插值方法在边缘检测方面要比 5.3.2 节采用的边缘检测方法更加精确,而且在沿着最强的边缘方向进行方向插值的过程中可以减少图像的盲点,避免由于对图像中像素进行平滑处理而导致黑点的问题。由于不用对图像进行平滑处理,尽管改进的多方向插值算法在边缘检测过程中对原有的粗糙边缘检测进行了细化,整个算法的计算量相比于原来的多方向插值算法,并没有很大程度的增加,在可控制范围内获得了更好的插值效果。

5.3.5 自适应空域隐藏算法

由分析可知,双线性内插算法适用于受损块周围边界像素比较平滑或者受损块范围内不存在物体边缘的场合,可以取得比较好的插值效果,然而如果受损块范围内存在图像物体的边缘时,穿过受损块范围的图像边缘信息就不能很好地得到恢复,这样受损块区域内的边缘就会产生中断而不连续[114],而图像边缘是分辨一个物体的重要信息,边缘信息的丢失或中断就会严重影响视频的可视性。因而双线性内插法不适合用于受损块范围内有比较多的图像边缘穿过的场合。

而基于边缘检测的方向插值算法或者本节改进的多方向插值算法则可以很好地检测到受损块区域内的边缘信息,并沿着检测到的边缘方向进行方向插值,尽可能地保存了穿过受损块区域的图像边缘,保证视频序列的可视性[115]。同时,如果受损块范围内的没有图像边缘穿过,像素趋于平滑的时候,基于边缘检测的方向插值就会错误的检测到边缘信息从而引入虚假图像边缘,同样会严重影响视频的视

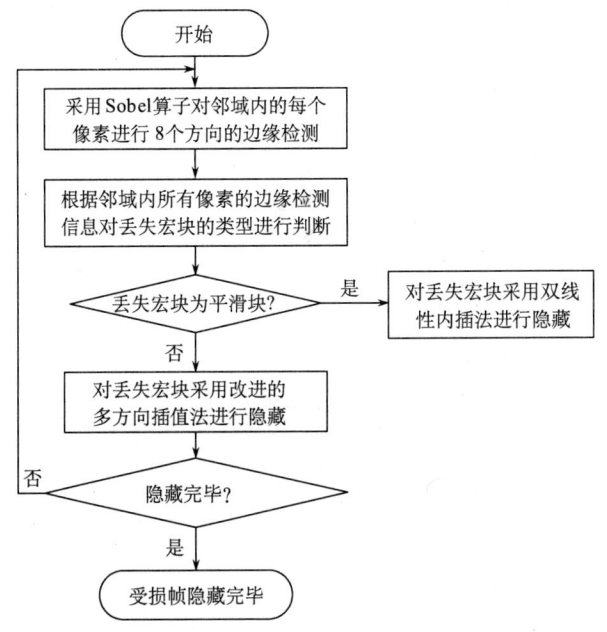

图 5-16 自适应空域隐藏算法流程

觉效果,这时,采用双线性内插算法会取得更好的插值效果。

由上述讨论可知,如果把双线性内插法和多方向插值法结合起来,根据图像纹理的变化情况自适应选择插值的方法,取得的图像质量就会比单独使用其中的任一种算法进行空域插值好很多。

为此,本节将双线性内插法和本节改进的多方向插值法结合起来,提出一种针对不同受损块类型的自适应空域差错隐藏算法,判断受损块区域内有没有图像边缘穿过,把受损块划分为平滑受损块和边缘受损块,对不同的受损块采用不同的方式进行插值。图像中的边缘信息不仅可以得到很好的恢复,保证视频的可视效果,又可以避免因为误检测产生虚假的图像边缘,保证图像纹理的正确性。具体算法的步骤如下,自适应空域差错隐藏算法流程如图 5-16 所示。

(1) 根据 5.3.2 节边缘检测后,得到 8 个主要边缘方向的梯度和 $C_i(i=1,2,\cdots,8)$,将这 8 个梯度和求和后取平均得到的平均值记为 $SUM = \frac{1}{8}\sum_{i=1}^{8}C_i$。

(2) 将这 8 个梯度和与 SUM 作绝对误差和后取平均得到的误差和的平均值记为 $SAD = \frac{1}{8}\sum_{i=1}^{8}|SUM - C_i|$。

(3) 如果 SAD 小于某个设定的阈值 TH,则将受损宏块判定为平滑受损快,否则判定为边缘受损块。

(4) 对平滑块采用双线性插值恢复,对边缘块采用改进的多方向插值恢复。其中,通过对大量的实验统计,本节取 $TH=1500$。

5.3.6 实验结果与分析

本节选"football""stefan""foreman""mother&daughter"图像进行了测试,表5-2 显示了在单帧图像宏块丢失率为 20% 的情况下,各种算法对不同图像隐藏后的 PSNR 对比结果。

表5-2 进行空域差错隐藏时 y 分量的平均 PSNR 对比　　　(单位:dB)

算法	football	stefan	foreman	mother&daughter
双线性内插	30.52	26.49	32.10	36.05
传统方向插值	29.64	25.28	37.56	37.71
多方向插值	28.64	25.45	29.26	32.44
改进多方向插值	30.65	26.66	37.79	38.22
自适应空域算法	31.19	26.87	37.94	38.72

从实验结果可以看出,改进的多方向插值对图像恢复的 PSNR 比双线性内插法要好出 0.14~5.69dB,比传统方向插值法要好出 0.23~1.37dB,比多方向插值法好出 1.21~8.53dB。自适应空域隐藏算法对图像恢复的 PSNR 比双线性内插法提高 0.38~5.84dB,比传统方向插值法提高 0.38~1.37dB,比多方向插值法提高 1.42~8.68dB,比单一采用改进的多方向插值法要好出 0.15~0.54dB。

图 5-17~图 5-20 分别是上述图像的仿真效果图示。

(a) 原始图像　　　　　　　　　　　(b) 损坏图像

(c) 双线性内插PSNR=30.52dB

(d) 传统方向插值PSNR=29.64dB

(e) 多方向内插PSNR=28.64dB

(f) 改进多方向内插PSNR=30.65dB

(g) 自适应空域隐藏PSNR=31.19dB

图 5-17　football 序列第 4 帧几种算法对图恢复的结果

图 5-18 stefan 序列第 108 帧几种算法对图恢复的结果

图 5-19 foreman 序列第 6 帧几种算法对图恢复的结果

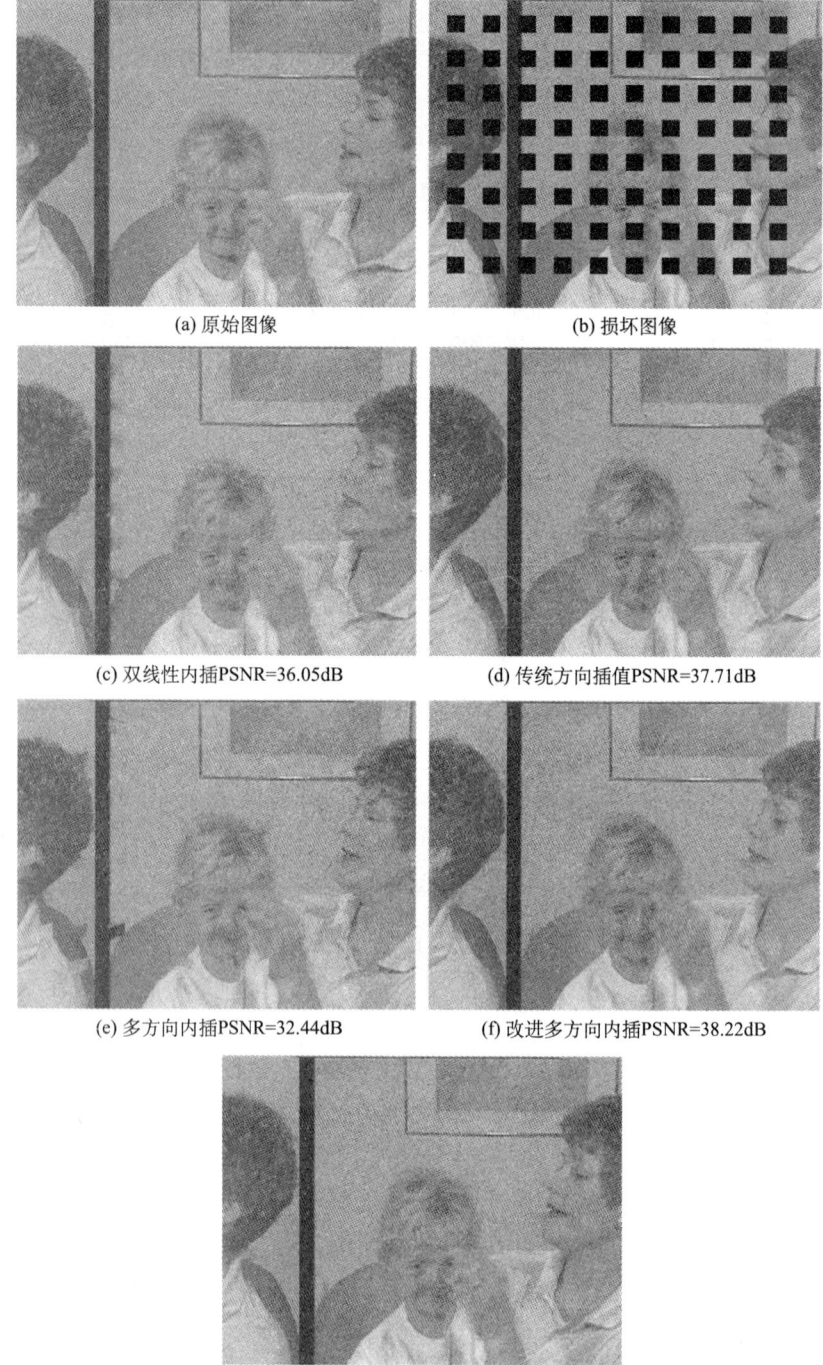

图 5-20 mother&daughter 序列第 62 帧几种算法对图恢复的结果

5.4 时空域结合的差错隐藏算法

通常情况下,当视频序列的运动度不是很剧烈或运动基本趋于平稳的时候,时域差错隐藏的性能就会明显比空域差错隐藏的性能好,可以取得比较好的恢复效果,包括对于受损区域图像的细节部分也可以很好地恢复。相反地,如果视频图像的受损区域运动比较剧烈的时候,就可能会出现受损块的内容根本就不在参考的图像帧中或者出现了别的物体,这时如果对受损块采用时域差错隐藏,就会得不到很好的参考信息,从而隐藏效果不好甚至失败。而这种情况下,空域差错隐藏效果就会比时域差错隐藏的效果好。因此,将时域算法和空域算法结合起来,根据图像内容自适应地选择相应的算法进行差错隐藏是现在研究的重点。

如何根据图像内容来选择时域或者空域算法的关键在于判断受损宏块是不是处于剧烈运动中,如果受损宏块处于剧烈运动变化中,采用空域算法,否则采用时域算法进行隐藏。而运动是否剧烈可以通过判断参考帧中受损宏块对应的参考块是否在当前图像帧没有块或者像素,如果是则运动比较剧烈,否则运动比较平缓。

视频序列编码的过程中会根据当前块是否运动剧烈来选择编码的模式,基于这个特点,文献[52]提出根据编码模式来决定受损块的差错隐藏方式,如果受损块周围邻域内无误码的宏块的编码模式大多是帧内编码时,判定受损宏块时间上的相关性比较弱,采用空域隐藏方式可以取得比较好的效果;相反,如果大多数相邻宏块的编码模式是帧间编码,就采用时域隐藏方式进行隐藏。该方法是基于受损宏块相邻块都可以正确接收的情况下进行的,当受损宏块周围也存在比较严重的丢失,那么该方法判断的准确性就会大大降低。文献[53]提出的方法可以克服这个问题。首先该方法先对受损块进行时域差错隐藏得到受损块的运动补偿块,然后计算受损宏块的空间运动度和时间运动度,当受损块的空间运动度小于其时间运动度时,采用空域算法对受损块进行差错隐藏,否则采用时域差错隐藏算法。该方法在计算受损块的空间和时间运动度时,需要处理受损宏块相邻的 8 个宏块的像素数据,运算复杂度比较高,不适用于实时视频通信系统。文献[54]对文献[53]做了一定的改进,对受损块进行时域差错隐藏后,采用运动补偿块与受损块的边界匹配误差值来选择是否要继续进行空域差错隐藏,当边界匹配误差大于设定的阈值时,再对受损块进行空域隐藏。

5.4.1 时空域结合差错隐藏算法的实现

本节将自适应空域隐藏算法和简化的边框匹配时域隐藏算法结合起来,对受损宏块实现一种时空域结合的差错隐藏算法。具体过程描述如下:

(1) 对受损宏块先进行预隐藏，即采用第 3 章提出的简化的边框匹配算法进行运动矢量估计后得到运动预测块和运动矢量，然后计算运动补偿宏块与受损宏块的边界匹配误差 SAD。

(2) 判断 SAD 值。当 SAD 值大于预设的阈值 TH 时，判定图像的运动比较剧烈，当前受损宏块无法进行时域隐藏，因此对受损宏块采用自适应空域隐藏算法进行空域隐藏。通过对大量的实验统计，本节发现对阈值 TH 设置为 900 比较合适。当 SAD 值小于或等于阈值 TH 时，认为运动比较平稳，将步骤(1)得到的运动补偿宏块作为受损宏块的替代块。算法流程如图 5-21 所示。

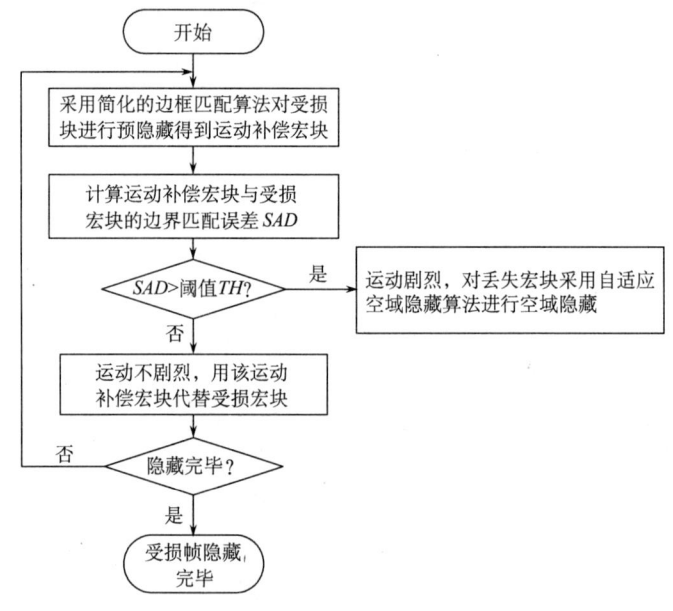

图 5-21 时空结合算法流程

5.4.2 实验结果与分析

本节选取"foreman""mother&daughter""vectra""highway"图像做了测试，表 5-3 显示了在单帧图像宏块丢失率为 20 % 的情况下，各种算法对不同图像隐藏后的 PSNR 对比结果。

表 5-3 进行时空域差错隐藏时 y 分量的平均 PSNR 对比　　（单位：dB）

算法	foreman	mother&daughter	vectra	highway
自适应空域算法	37.93	38.72	26.11	36.58
简化边框匹配算法	35.95	35.17	30.14	33.82
时空域结合的算法	39.52	41.68	30.78	36.94

从实验结果可以看出,时空域结合的差错隐藏算法对图像恢复的 PSNR 比单一使用自适应空域隐藏要好出 0.35～4.66dB,比单一使用简化边框匹配进行时域隐藏平均要好出 0.64～6.51dB。

图 5-22～图 5-25 是上述图像的仿真效果图示。

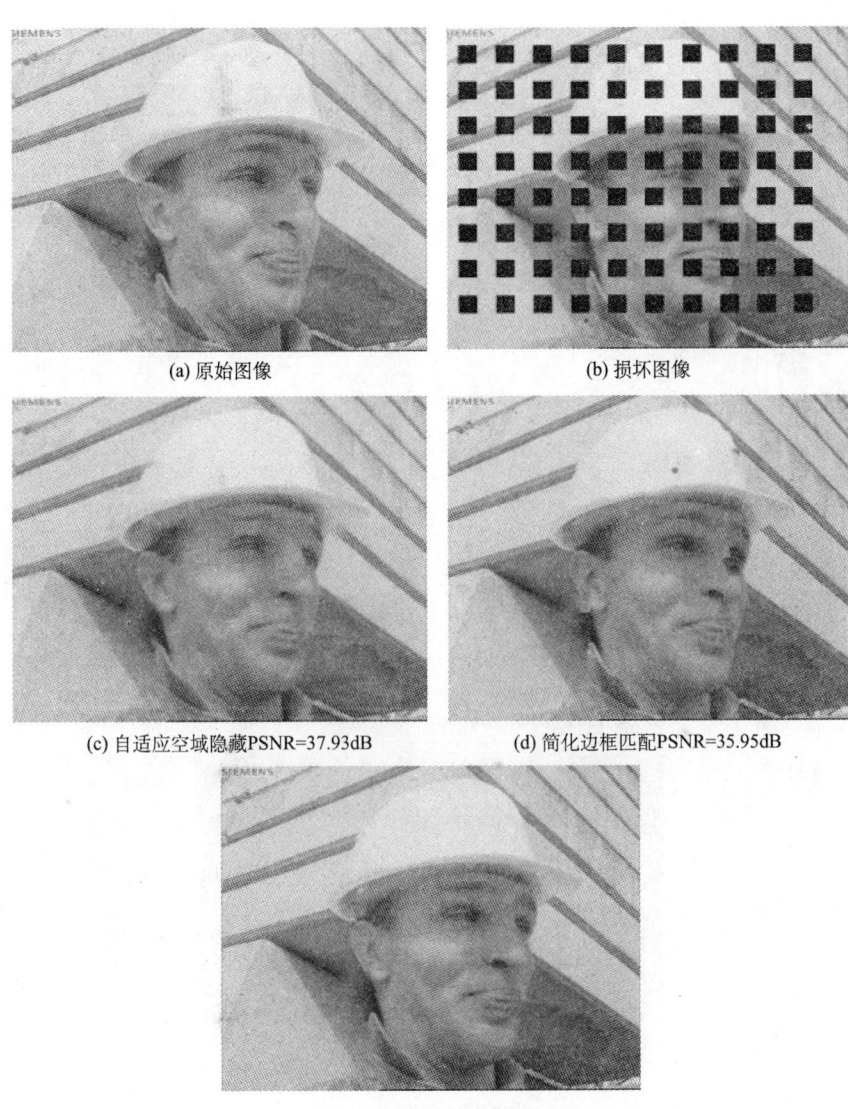

图 5-22　foreman 序列第 6 帧几种算法对图恢复的结果

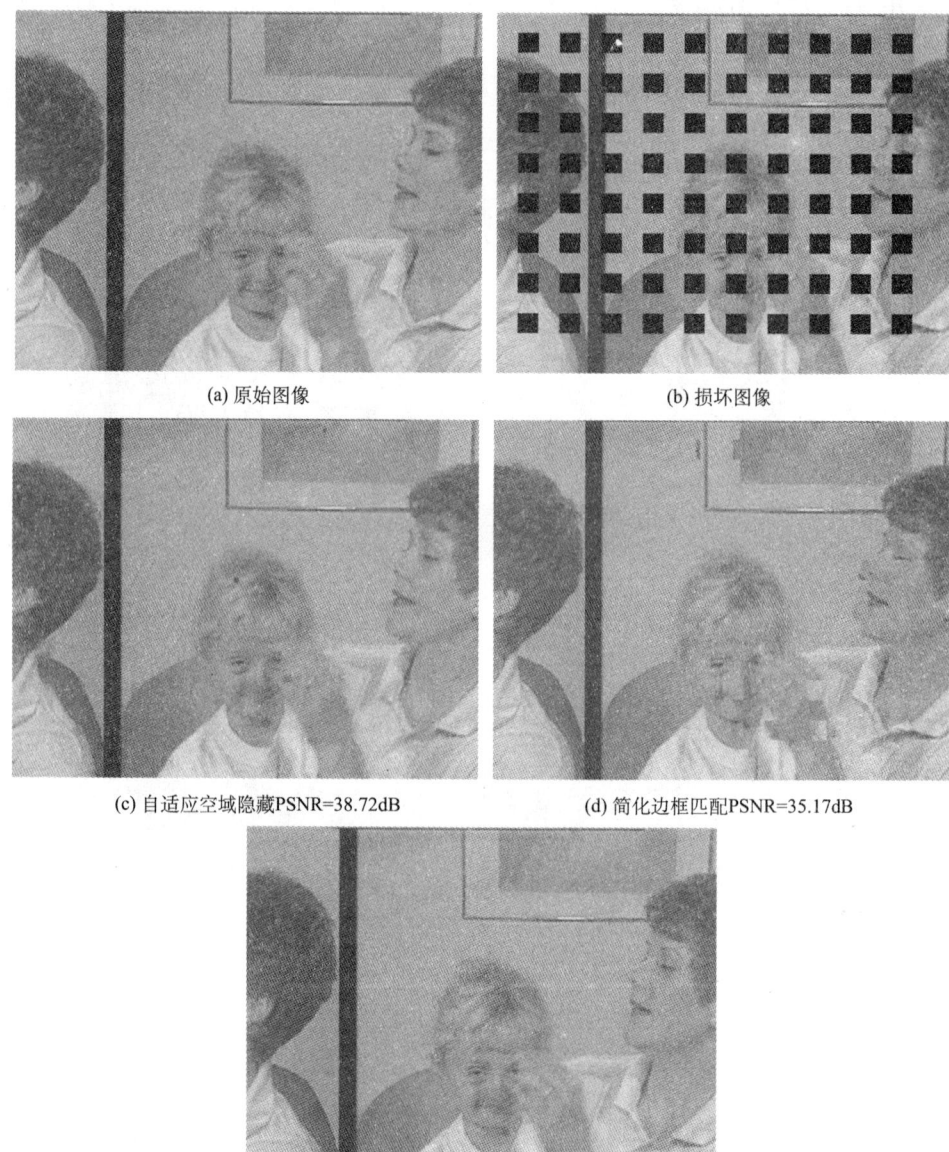

图 5-23 mother&daughter 序列第 62 帧几种算法对图恢复的结果

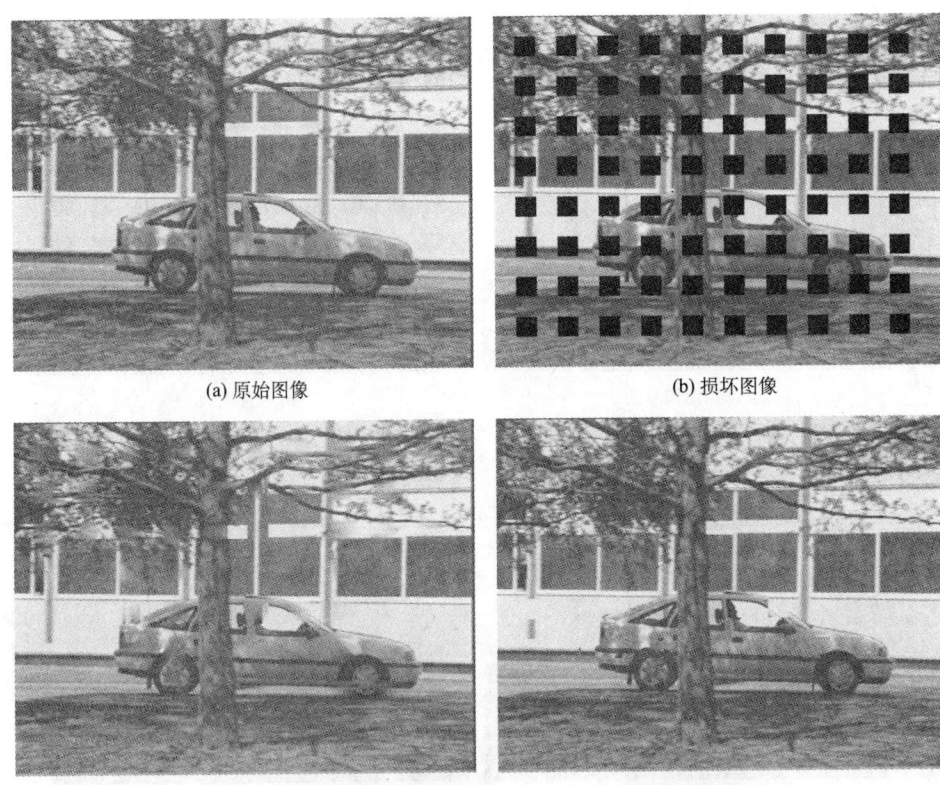

(a) 原始图像　　　　　　　　　　　(b) 损坏图像

(c) 自适应空域隐藏PSNR=26.11dB　　(d) 简化边框匹配PSNR=30.14dB

(e) 时空域结合PSNR=30.78dB

图 5-24　vectra 序列第 136 帧几种算法对图恢复的结果

(a) 原始图像   (b) 损坏图像

(c) 自适应空域隐藏PSNR=36.58dB   (d) 简化边框匹配PSNR=33.82dB

(e) 时空域结合PSNR=36.94dB

图 5-25　highway 序列第 20 帧几种算法对图恢复的结果

从实验结果可以看出，时空域结合的差错隐藏算法对图像恢复的 PSNR 比单一使用自适应空域隐藏要好出 0.35~4.66dB，比单一使用简化边框匹配进行时域隐藏平均要好出 0.64~6.51dB。

5.5 视间域的运动/视差矢量估计算法研究

多视点视频序列中视点间存在着大量冗余信息，利用视点间预测技术可以进一步提高编码效率。同样的，采用视差预测技术可以提高多视点视频差错隐藏算法的性能。

5.5.1 视差的描述

本质上说，一个物体在同一时刻不同视点的两个图像帧中存在着视差矢量（disparity vector，DV）是由于两个摄像机存在位置的偏差产生的，图 5-26 所示是一个平行配置的多视点的视频采集系统，平行分布的摄像机存在着位置的偏差，是产生视差的本质原因，本节算法基于该平行系统进行研究。

以两个视点为例描述视差的定义，如图 5-27 所示。X 轴是摄像机平行方向，与摄像机组的基线重合，Y 轴是摄像机与采集目标的距离轴。P 为采集目标，(x,y) 是 P 在坐标系里的坐标。C_1 和 C_2 代表两个摄像机，F_1 和 F_2 分别是两个摄像机的成像平面，O_1 和 O_2 分别是两个成像平面的中心。C_1C_2 为基线，长度设为 $B=2b$。基线与成像平面的距离为摄像机的焦距 f，基线到目标物体的距离为 y。P_1、P_2 为目标物体 P 在两个摄像机的成像平面上的投影，它们离各自成像平面中心的位移为 x_1 和 x_2，假设 x_1 为正，x_2 为负。

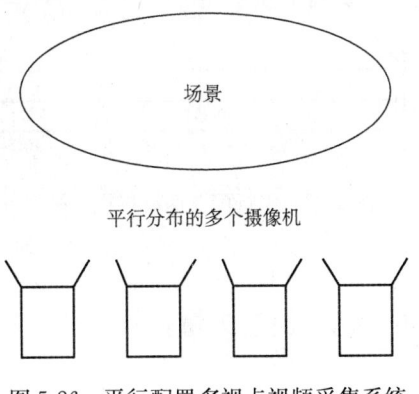

图 5-26 平行配置多视点视频采集系统

由于成像平面与基线是平行的，则图中 $\triangle C_1O_1P_1$ 和 $\triangle C_1CP$、$\triangle C_2O_2P_2$ 和 $\triangle C_2CP$ 分别是两组相似三角形，由相似三角形的特点可以知道

$$\frac{x_1}{f} = \frac{b+x}{y} \tag{5-24}$$

$$\frac{-x_2}{f} = \frac{b-x}{y} \tag{5-25}$$

把上述式(5-24)和(5-25)相加，可以消去 x，进而得到下式：

$$\frac{x_1 - x_2}{f} = \frac{2b}{y} \tag{5-26}$$

进而可以得到

$$x_1 - x_2 = \frac{2bf}{y} = \frac{Bf}{y} \tag{5-27}$$

C_1 和 C_2 对于目标物体 P 的视差就可以定义为物体 P 分别在两个成像平面 F_1、F_2 的投影与成像平面中心距离 x_1 和 x_2 之差，记作 $D(P)$，则

$$D(P) = x_1 - x_2 = \frac{Bf}{y} \tag{5-28}$$

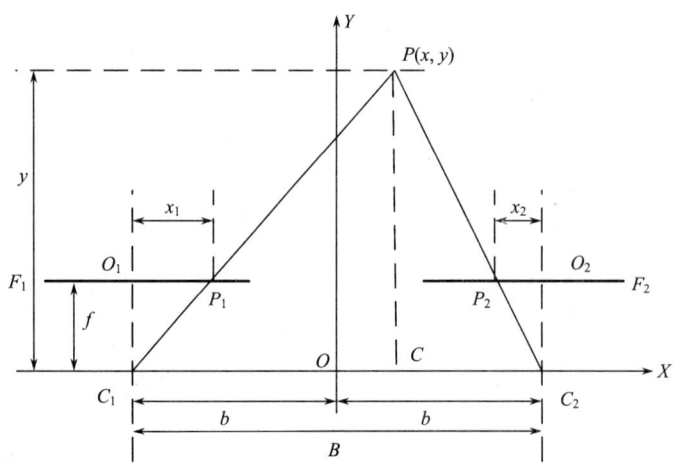

图 5-27 平行配置两视点视差模型

5.5.2 基于块匹配的运动/视差矢量估计

基于最小绝对误差的运动/视差估计算法是在搜索区域内搜索最优匹配块与受损块之间的运动/视差矢量，选取具有最小边界像素匹配绝对误差和的矢量作为

最佳匹配矢量。边界像素匹配绝对误差和定义为

$$SAD = \sum_{i=0}^{N} | \hat{f}_n(x+i,y-1) - f_n(x+i,y-1) | \qquad (5-29)$$

其中,f_n 表示第 n 帧;(x,y) 表示该宏块在当前帧 f_n 中的位置;$\hat{f}_n(x,y)$ 代表 $f_n(x,y)$ 的运动补偿值;N 为搜索窗口大小。

5.5.3 改进的运动/视差矢量搜索策略

在图像中只有部分像素存在运动矢量而且幅值比较小,而视差矢量是在整个图像每个像素都存在的,且幅值比较大。因此搜索运动矢量时可能需要比较大的搜索窗口,但是大的搜索窗口带来的计算量很大。本节分析运动矢量与视差矢量的关系,并由两者的关系入手,改进搜索过程,降低运算量。

本节研究基于平行分布的多视点采集系统,如图 5-27 所示。由于摄像机的位置关系是已知的,所以视频图像的运动矢量与视差矢量的空间关系也是确定的,如图 5-28 所示。

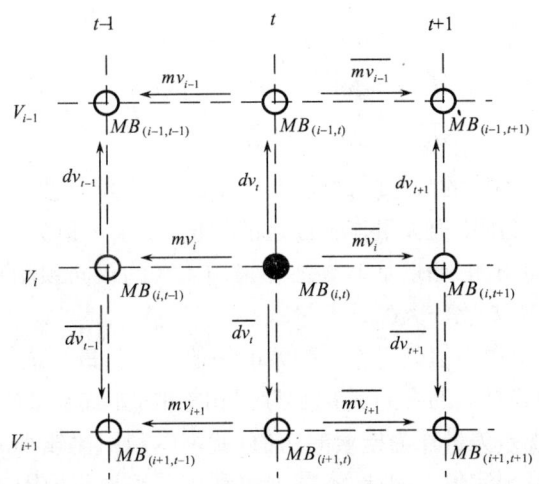

图 5-28 运动矢量与视差矢量的关系

图中表明了视点 V_i 在 t 时刻的受损宏块 $MB_{(i,t)}$ 与相邻视点 V_{i-1}、V_{i+1} 以及相邻时刻 $t-1$、$t+1$ 周围的 8 个宏块之间运动矢量与视差矢量的空间关系。其中,V 代表视点;t 代表时刻;MB 代表宏块,下标分别表示宏块所在视点和所处的时刻;mv_i、$\overline{mv_i}$ 分别为前向运动矢量和后向运动矢量,下标表示运动宏块所处的视点;dv_t、$\overline{dv_t}$ 分别代表宏块的前向视差矢量和后向视差矢量,下标代表宏块所在的时

刻;箭头方向表示矢量估计的方向。由图 5-28 可知:

$$\left.\begin{aligned} MB_{(i-1,t)} &= MB_{(i,t)} + dv_t \\ MB_{(i-1,t-1)} &= MB_{(i,t-1)} + dv_{t-1} \\ MB_{(i-1,t-1)} &= MB_{(i-1,t)} + mv_{i-1} \\ MB_{(i,t-1)} &= MB_{(i,t)} + mv_i \end{aligned}\right\} \quad (5\text{-}30)$$

由式(5-30)又可以得到

$$mv_i + dv_{t-1} = mv_{i-1} + dv_t \quad (5\text{-}31)$$

根据同样的计算过程可以得到

$$\left.\begin{aligned} \overline{mv_i} + dv_{t+1} &= \overline{mv_{i-1}} + dv_t \\ mv_{i+1} + \overline{dv_t} &= mv_i + \overline{dv_{t-1}} \\ \overline{mv_{i+1}} + \overline{dv_t} &= \overline{mv_i} + \overline{dv_{t-1}} \end{aligned}\right\} \quad (5\text{-}32)$$

而在时间间隔非常小的时候,我们可以假定相同视点相邻时刻的视差矢量是相等的,因此,式(5-32)可以进一步得到

$$\left.\begin{aligned} dv_t &\approx dv_{t-1}, & mv_i &\approx mv_{i-1} \\ dv_t &\approx dv_{t+1}, & \overline{mv_i} &\approx \overline{mv_{i-1}} \\ \overline{dv_t} &\approx \overline{dv_{t-1}}, & mv_i &\approx mv_{i+1} \\ \overline{dv_t} &\approx \overline{dv_{t+1}}, & \overline{mv_i} &\approx \overline{mv_{i+1}} \end{aligned}\right\} \quad (5\text{-}33)$$

在多视点视频编码的参考测试模型 JMVC 中,采用全搜索方式对受损块的视差矢量进行恢复,采用中值矢量作为搜索的初值,搜索窗口为 16×16,分别进行 2 次前向预测和后向预测(如果是 B 帧还要采用 4 次的双向预测)以后,才能得到受损块的视差矢量,需要比较大的计算量。

实际应用中,采用中值矢量作为搜索的初值并不是最合适的,由上述分析可以知道,同一视点相邻时刻的视差矢量是近似相等的,如式(5-33)所示,如果采用受损块相邻时刻的视差矢量作为搜索的初值,就可以利用比较小的搜索窗口得到最优匹配的视差矢量预测值。因此,本节多次利用受损块与周围宏块运动和视差矢量的关系,采用比较精确的小范围搜索代替大范围的全搜索得到最佳的视差矢量,通过判断边界匹配绝对误差和的值来不断计算受损块的最佳视差矢量。图 5-29 为本节改进的受损块视差矢量估计算法的流程图。受损块 $MB_{(i,t)}$ 的视差矢量可以由其所在视点左边和右边视点参考帧中的对应块来进行预测,利用左边视点进行前向视差估计的步骤如下:

(1) 将与受损块同一视点的前向视差矢量 dv_{t-1} 当做受损块前向视差估计的初值 pdv_{t0},参考块是受损块左边视点前一时刻的宏块,把受损块左视点的前向运

动矢量 mv_{i-1} 定为前向运动估计的初值 pmv_{i0}。

(2) 以 pdv_{t0} 为中心，搜索受损块的最佳匹配视差矢量，搜索窗口大小为 2×2，选择具有最小 SAD 的视差矢量作为这个搜索区域内受损块的最佳匹配视差矢量 dv_{t0}，记录受损块当前的预测块为 $MB_{(i,t)0}$，当前视差矢量的边界匹配绝对误差和为 SAD_{d0}，同理以 pmv_{i0} 为中心，搜索受损块的最佳匹配运动矢量，搜索窗口大小为 2×2，选择具有最小 SAD 的运动矢量作为这个搜索区域内受损块的最佳匹配运动矢量 mv_{t0}，记录当前运动矢量的边界匹配绝对误差和为 SAD_{m0}。

(3) 用 $MB_{(i,t)0}$ 与 dv_{t0} 相加可以得到受损块的左视点前向参考块的预测块 $MB'_{(i-1,t)}$，可以得到该块的前向运动矢量 mv'_{i-1}，由式(5-31)可以推出 $pmv_{i1}=mv_{i-1}+dv_{t0}-dv_{t-1}$，进而得到受损块前向运动矢量的预测值 pmv_{i1}，以 pmv_{i1} 为中心，搜索受损块的最佳匹配运动矢量，搜索窗口大小为 2×2，选择具有最小 SAD 的运动矢量作为这个搜索区域内受损块的最佳匹配运动矢量 mv_{i1}，记录当前运动矢量的边界匹配绝对误差和为 SAD_{m1}。

(4) 用 $MB_{(i,t)0}$ 与 mv_{i1} 相加可以得到受损块的前向时间参考块的预测块 $MB'_{(i,t-1)}$，可以得到该块的前向视差矢量 dv'_{t-1}，由式(5-31)可以推出 $pdv_{t1}=mv_{i0}+dv_{t-1}-mv_{i-1}$，进而得到受损块前向视差矢量的预测值 pdv_{t1}，以 pdv_{t1} 为中心，搜索受损块的最佳匹配视差矢量，搜索窗口大小为 2×2，选择具有最小 SAD 的视差矢量作为这个搜索区域内受损块的最佳匹配视差矢量 dv_{t1}，记录当前视差矢量的边界匹配绝对误差和为 SAD_{d1}。

(5) 如果 $SAD_{d1}<SAD_{d0}$，则令 $dv_{t0}=dv_{t1}$，运动矢量也进行同样的判断并返回第(3)步骤；否则，把 dv_{t0} 和 mv_{t0} 作为受损块前向视差和运动估计的最佳匹配矢量。

(6) 后向运动/视差估计过程与前向运动/视差估计相似，只是把受损块右边视点后一时刻的宏块作为参考块。

(7) 比较前向和后向估计的 SAD，取具有最小 SAD 值的估计结果。

改进的运动/视差矢量估计算法以更加精确的初值和更小的搜索窗口进行小范围搜索，可以快速地估计受损块的运动矢量和视差矢量，降低计算量，然而该算法视差矢量的估计只能适用于 B 视点，对 I、P 视点不适用，因此下节介绍基于特征匹配的全局视差矢量估计算法，适用于所有视点。

5.5.4 基于特征匹配的全局视差矢量估计

在运动估计技术中，全局运动矢量估计是被提出来用于估计由摄像机的移动导致的视频序列的整体背景的运动矢量。全局运动矢量估计算法是通过一个全局的运动矢量来描述整个图像运动情况，并根据全局运动矢量对整个图像进行运动

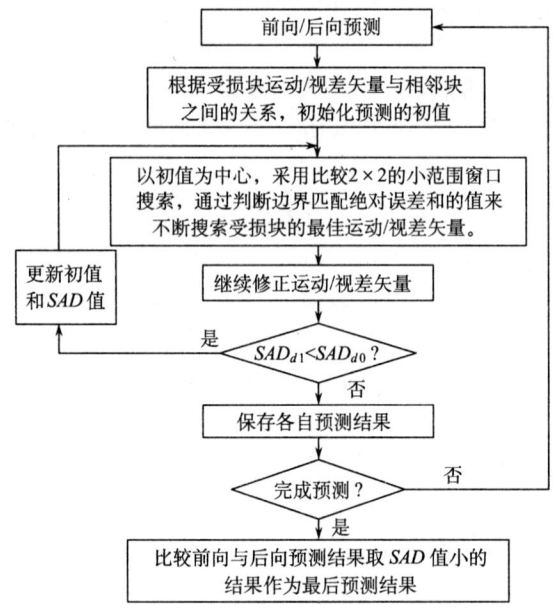

图 5-29 改进运动/视差矢量估计算法流程

补偿从而得到预测图像帧,这样就可以不考虑图像局部的运动,降低搜索运动矢量过程中的计算量,提高编码效率。

多视点视频采集系统中,摄像机是以一定位移分布的,如本节的平行配置采集系统,如图 5-27,这样,两个相邻视点采集的图像正好满足背景移动而场景不变的情况,两个视点同一时刻采集的图像间存在一个全局的移动。因此,采用全局运动矢量对视差进行估计可以取得比较好的效果。

在多视点视频编码的官方测试模型 JMVC 中,也是采用全局视差矢量(global disparity vector,GDV)来描述视点间图像帧的偏差。JMVC 中通过在当前帧与参考帧中,以默认的搜索窗口为 8 像素的 ±64 像素范围内进行全搜索得到的,GDV 的描述如下:

$$MAD(x,y) = \frac{1}{(h-y)(w-x)} \sum_{i=0}^{w-x-1} \sum_{j=0}^{h-y-1} |fr(i+x,j+y) - fc(i,j)| \qquad (5-34)$$

全局视差矢量 GDV 定义为使绝对平均误差 MAD 最小的矢量值 (x,y),

$$GDV = (x,y) = \arg\min_{-sr \leqslant x,y \leqslant sr}\{MAD(8x,8y)\} \qquad (5-35)$$

其中,fr 和 fc 分别是参考帧和当前帧;w 和 h 分别是图像帧的宽度和高度;x 和 y 分别表示图像像素水平位置和垂直位置的坐标;sr 代表 8×8 块大小的搜索窗口精度。

GDV 的获取可以通过块匹配方法、边缘匹配方法,也可以利用特征匹配方法。本节使用基于 SIFT 的特征匹配方法来估计视点间的 GDV,相对于 JMVC 基于边缘匹配的方法,可以取得更好的效果。

SIFT 算法是 David Lowe 在 1999 年提出来的[116],用于提取物体的特征来描述物体。应用于受损帧的 GDV 估计中,可以从受损图像帧中提取物体图像的特征,然后在参考帧中搜索与之匹配的特征,这样就可以得到两个视点中的两帧图像的 GDV,基于 SIFT 的特征匹配全局视差矢量估计算法流程如图 5-30 所示,具体的步骤如下:

(1)采用 SIFT 分别在参考帧 fr 和受损帧 fc 中提取相应的关键点,用矩阵 $KPOINT_r$ 和 $KPOINT_c$,第一和第二行记录每个关键点的坐标,列数为关键点数 K,并以关键点为中心 8×8 的范围内生成特征向量[117],用 $128\times K$ 矩阵 $DESCR_r$ 和 $DESCR_c$,每一列分别记录对应 $KPOINT$ 中每个关键点的 128 个特征向量。

(2)对两帧图像的特征向量矩阵 $DESCR_r$ 和 $DESCR_c$ 进行 SIFT 特征匹配,用一个 $2\times N$ 矩阵 $MATCHS$ 记录每一对匹配值,N 为匹配的个数。

(3)根据 $DESCR$ 与 $KPOINT$ 的对应关系找到 $MATCHS$ 中所有匹配记录在 $KPOINT$ 中对应的关键点,并分别读取关键点坐标 (x_r,y_r) 和 (x_c,y_c),计算两个关键点的视差矢量 $DV=(x_r,y_r)-(x_c,y_c)$,记录在矩阵 $KPDV$ 中。

(4)利用根据 SIFT 算法去除错误匹配点的原理,用视差矢量模值的平均值作为阈值 $TH_{DV}=\text{mean}(|DV|)$,对矩阵 $KPDV$ 中的 DV 进行判断,如果 $DV<TH_{DV}$,则保留该视差矢量,否则去该矢量,避免提取到受损区域的关键点造成错误匹配。

(5)取剩下视差矢量的平均值作为两帧图像的全局视差矢量,即

$$GDV = \frac{1}{R}\sum_{i=1}^{R}(x_i,y_i) \qquad (5-36)$$

其中,R 代表矩阵 $KPDV$ 中视差矢量去除错误匹配后剩下的 DV 个数。

5.5.5 全局运动/视差矢量估计算法

在 5.4.3 节中介绍了改进的运动/视差矢量估计算法,利用运动矢量与视差矢量的空间关系,以更加精确的初值进行小窗口的搜索,降低了运算量;而在 5.4.4 节中又提出了基于 SIFT 特征匹配的全局视差矢量估计算法,可以不考虑图像局部的视差矢量并降低了搜索过程中的运算量。

为了得到更精确的运动/视差矢量,本节把 5.5.4 节得到的全局视差矢量作为 5.5.3 节改进运动/视差矢量估计算法的视差矢量初值,以更加精确的初值进行搜索,可以加快算法的收敛,得到需要的运动/视差矢量,具体算法如图 5-31 所示。

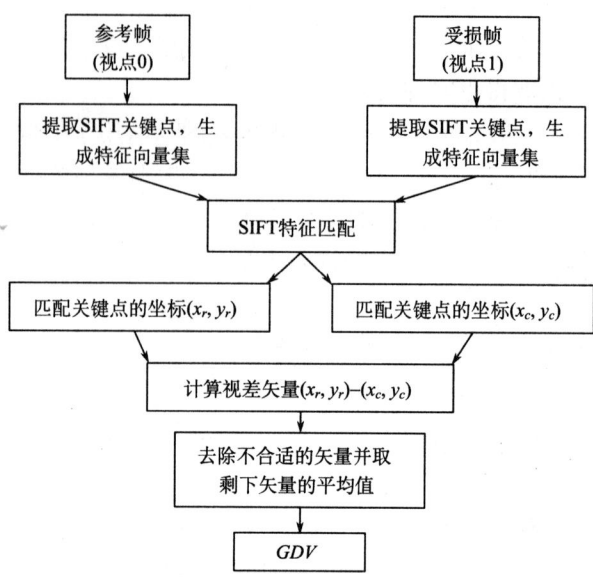

图 5-30 基于 SIFT 特征匹配的全局视差矢量估计流程

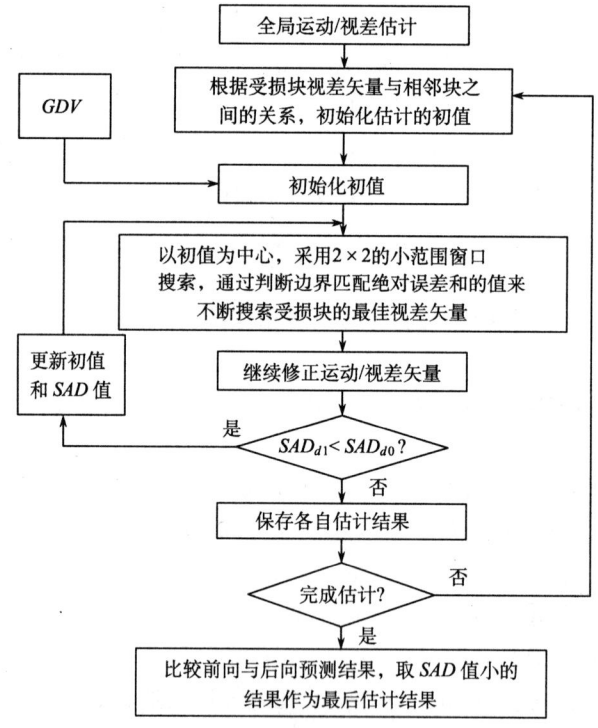

图 5-31 全局运动/视差矢量估计算法流程

5.5.6 实验结果与分析

本节实验采用多视点视频序列"exit""vssar"和"ballroom"来对提出的算法进行验证,表 5-4 显示了在单帧图像宏块丢失率为 3% 的情况下,各种算法解码后的 PSNR 对比结果。

表 5-4 全局运动/视差估计得到解码图像 PSNR 对比　　　（单位:dB）

序列	算法	View0	View1	View2	View3	View4	View5	View6	View7	平均
ballroom	JMVC	20.16	19.50	19.10	18.11	17.65	16.58	16.50	16.43	18.22
	本节	21.22	20.92	19.68	18.54	17.61	16.68	16.40	16.32	20.09
exit	JMVC	19.21	20.24	21.02	18.07	19.23	17.66	16.72	16.53	18.88
	本节	23.86	22.99	22.48	21.47	20.42	19.20	18.54	17.86	22.28
vssar	JMVC	24.34	23.83	24.10	23.54	24.11	23.92	22.39	21.69	23.75
	本节	23.91	24.70	25.34	24.57	24.80	23.34	22.57	21.87	24.17

从实验结果可以看出,全局运动/视差估计算法解码得到的 PSNR 比 JMVC 算法要平均高出 0.42~3.60dB。

图 5-32 是 exit 序列 View0、View1、View2 的解码图像对比。

5.6 多视点视频编码的差错隐藏算法

5.6.1 差错的传播方式

分析多视点视频中差错的传播可以更好地对差错进行隐藏。根据 Hierarchical B 帧预测结构,视点在第一个关键帧处可以分成 I 视点、P 视点和 B 视点三类,如图 5-33 所示,横轴为视频帧 T,纵轴为视点 V。T_0 为第一关键帧,根据这帧可以把 V_0 定义为 I 视点,其他偶数视点,如 V_2、V_4、V_6 定义为 P 视点,奇数视点,如 V_1、V_3、V_5 定义为 B 视点,最后把 V_7 定义为 P 视点,因为它是单向预测形成的。

B 视点中的帧是通过 I 视点和 P 视点中同一时刻且相对应的帧预测出来的,因此,假如 I 视点或者 P 视点中有差错发生,差错就会传播到该视点中前后时刻的帧,同时也会传播到邻近的 B 视点中的帧,产生的影响范围比较大。另外一种情况,B 视点中的帧不会被用来预测其他视点的图像帧,这样,B 视点中的帧发生的差错,就只会在本视点中进行时域的传播,而不会影响到其他视点中的帧。

图 5-33 中,横轴 T 是图像帧,纵轴 V 是视点,箭头表明差错传播的方向,

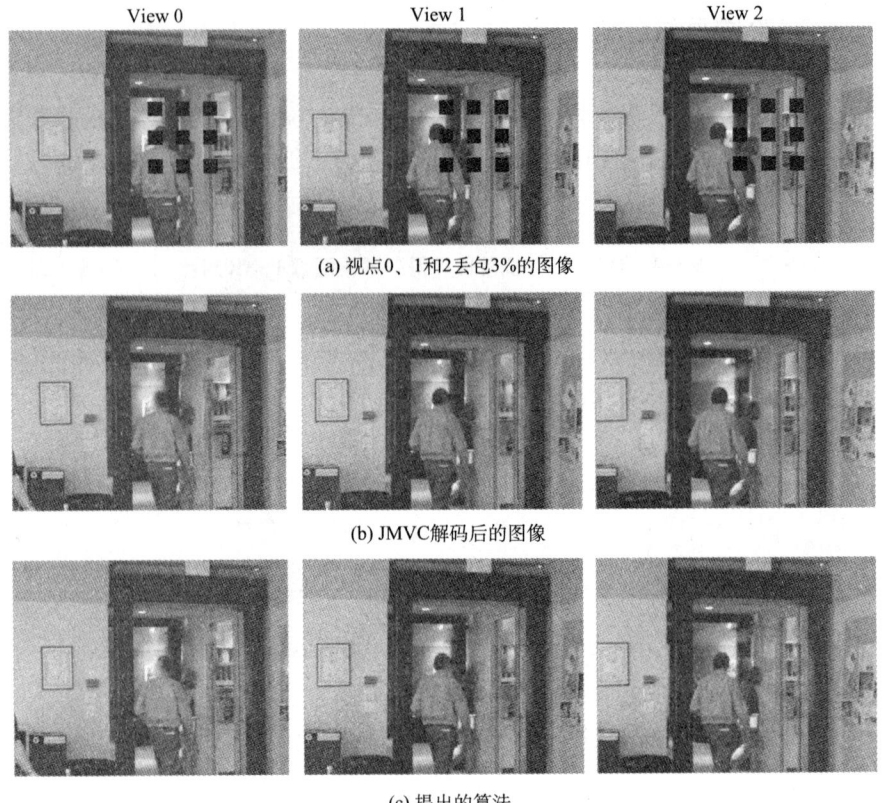

(a) 视点0、1和2丢包3%的图像

(b) JMVC解码后的图像

(c) 提出的算法

图 5-32　exit 序列三个视点解码后图像

图 5-33(a)表明了 P 视点的差错在时域和在视域的传播，T_0 帧的 P 视点 V_2 发生差错，差错从该帧传播到 V_2 中的时域的邻近帧，同时也传播到了邻近 B 视点 V_1 和 V_3，进而影响到邻近 B 视点的图像帧。图 5-33(b)中表明了 B 视点的差错只会在本视点时域内传播，不会影响其他视点。B 视点 V_1 在 T_0 帧时发生损坏，差错只从该帧传播到了本视点内的邻近帧，如 T_{-1} 和 T_1 等。

由此可见，I 视点或 P 视点的帧发生差错相对于 B 视点帧损坏，对图像的质量有更灾难性的影响，进行差错隐藏时采用的方法也不一样。

5.6.2　多视点视频差错隐藏的基本模式

通过对多视点视频差错隐藏技术的分析，包括时域、空域以及视域的差错隐藏算法的研究，我们发现：I 视点、P 视点和 B 视点中发生差错对图像质量的影响不

第 5 章 矿井高丢包网络环境下视频数据差错隐藏方法研究

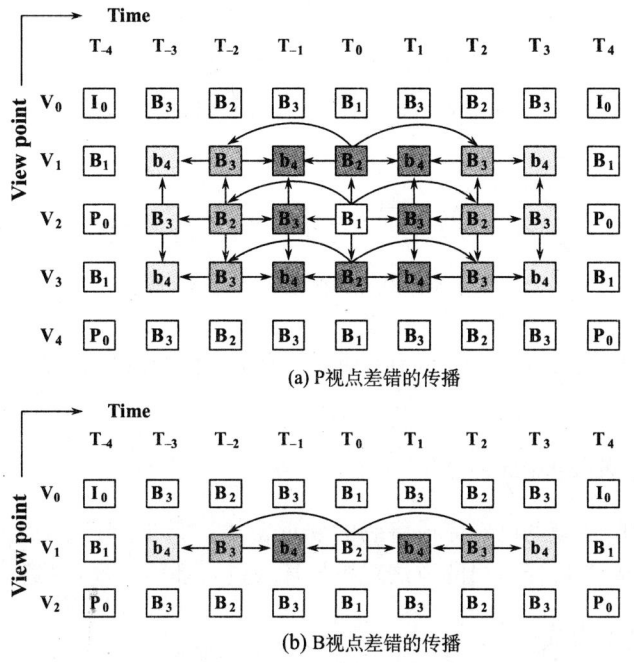

图 5-33 差错传播示意图

同,可以构建多视点视频差错隐藏的基本模式,进而可以根据基本模式在实际应用中的效果来选择其中性能比较好的模式进行差错隐藏。

在基本模式中,空域采用 5.3.5 节提出的自适应空域差错隐藏算法,运动/视差矢量估计算法采用 5.5.5 节提出的全局运动/视差矢量估计算法。

1. 时空域基本模式

如上文分析,时域差错隐藏技术适用于运动不剧烈的场合,而空域差错隐藏技术在运动剧烈的图像中能取得比较好的隐藏效果,视点内基本模式可以分为前向运动估计隐藏、后向运动估计隐藏和空间隐藏,视点内受损块隐藏示意如图 5-34 所示。

1) 前向运动估计模式(FMotion-EC)

被损坏的宏块采用该块所在视点的对应帧的最靠近上一时刻并且已经完成解码的帧中的对应块作为参考,得到受损块与参考块的前向运动矢量 MV_F 取得 SAD_{mf} 值。

2) 后向运动估计模式(BMotion-EC)

被损坏的宏块采用该块所在视点的对应帧的最靠近下一时刻并且已经完成解

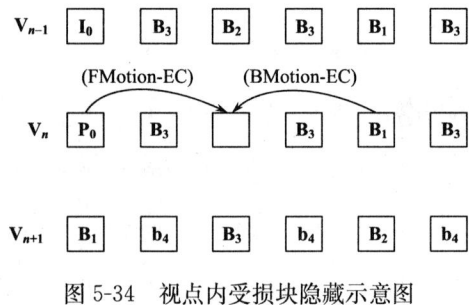

图 5-34 视点内受损块隐藏示意图

码的帧中的对应块作为参考,得到受损块与参考块的后向运动矢量 MV_B 取得 SAD_{mb} 值。

3) 空间隐藏(Spatial-EC)

采用该块所在帧的已经完成解码的邻近宏块进行本节自适应空域差错隐藏,根据图像运动特点选择适当的方法对被损坏块进行插值恢复,得到 SAD_S。

2. 视域基本模式

视域的基本模式根据选择的视点位置不同可以分为前向视差模式和后向视差模式。

1) 前向视差模式(FDisparity-EC)

B 视点 V_n 序列中的差错块采用邻近 P 视点 V_{n-1} 中同时刻的对应块来进行估计并重建;P 视点 V_n 序列的受损宏块采用邻近 P 视点 V_{n-2} 中同时刻的对应宏块来进行估计并重建。

2) 后向视差模式(BDisparity-EC)

B 视点 V_n 序列中的差错块采用邻近 P 视点 V_{n+1} 中同时刻的对应块来进行估计并重建。

由解码端视点的解码顺序[118]可知,当对 P 视点 V_n 进行预测时,P 视点 V_{n+1} 还没有被解码出来,因此 BDisparity-EC 模式不适合于 P 视点序列差错隐藏。同时,在实行 FDisparity-EC 模式的时候,要求解码端记录下 P 视点 V_{n-2},以便可以对 P 视点 V_n 进行估计和重建。图 5-35(a)是视域 B 视点差错隐藏预测模式的示意图,图 5-35(b)是视域 P 视点差错隐藏预测模式的示意图。

采用这五个基本模式,受损坏的宏块可以通过下一时刻、上一时刻、当前时刻帧中的对应宏块和左侧视点、右侧视点中同一时刻的对应宏块来进行预测并重建。

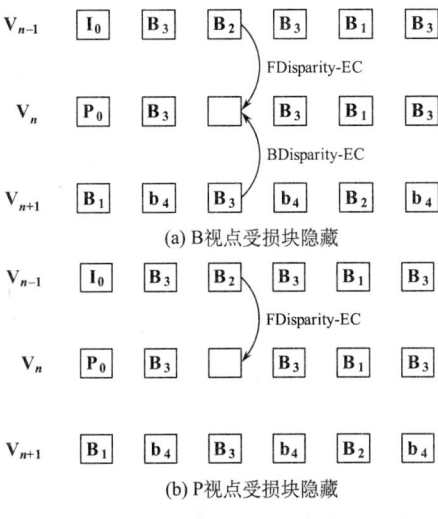

图 5-35　视点间受损块隐藏示意图

为了找到一个最接近受损块的隐藏块,需要采用块匹配算法来搜索最佳匹配块。块匹配算法则在受损块周围与其边界匹配误差最小的块来重建受损块。

5.6.3　优化权值的多重估计算法

为了提高预测的准确性,本算法把多个预测块结合起来对受损块进行重建,而且,由上述讨论可知,I 视点或 P 视点发生的差错和 B 视点差错对图像质量产生的影响不一样,因此本节提出了优化权值的多重估计差错隐藏算法,并对 B 视点、I 视点和 P 视点进行不同的处理。

1. 优化权值

Park 等提出在前 N 帧中分别找到一个候选预测块,再把 N 个候选预测块结合起来形成用于隐藏的受损块[119]。Kung 等提出了一种自适应差错隐藏算法,把多个候选预测块结合起来使差错传播最小化。多重估计差错隐藏算法,利用多个独立的受损块的候选预测块对受损块进行重建,然后产生的多个重建误差彼此相互抵消[120],这样最后产生的重建误差比单个估计的重建误差小,隐藏效果更好。Song 等研究表明优化权值的多重估计相比于相等权值的多重估计,可以取得更好的隐藏效果[121],特别是在两重估计中,权值为最小 SAD 值匹配块的 2/3 和次小 SAD 值匹配块的 1/3。

本节为了取得更精确的预测块,对权值进行了优化,假设最小 SAD 值匹配块及其在受损块边界像素匹配绝对误差和的值分别为 B_1 和 SAD_1，次小 SAD 值匹配块及其在受损块边界像素匹配绝对误差和的值分别为 B_2 和 SAD_2，则最佳匹配块 B 可以表示为

$$B = (1-w)B_1 + wB_2 \tag{5-37}$$

其中

$$w = \frac{SAD_1}{SAD_1 + SAD_2} \tag{5-38}$$

2. 算法实现

B 视点中的受损块可以用如下方式来实现差错隐藏：

(1) 在 FMotion-EC、BMotion-EC、Spatial-EC、FDisparity-EC 和 BDisparity-EC 五种模式中，分别计算各自的最小 SAD 值。

(2) 选择 FMotion-EC、BMotion-EC 和 Spatial-EC 三种模式中 SAD 值比较小的模式，将其得到的候选预测块定义为 CB_1。

(3) 选择 FDisparity-EC 和 BDisparity-EC 两种模式中 SAD 值比较小的模式，将其得到的候选预测块定义为 CB_2。

(4) 用式(5-38)计算优化权值 w。

(5) 最佳匹配块 B 采用如下方式进行计算：

$$B = wCB_1 + (1-w)CB_2 \tag{5-39}$$

最后受损块由最佳匹配块 B 代替实现差错隐藏。

上述分析中，P 视点中的受损块不能选用 BDisparity-EC 模式，这时时空域的差错隐藏能取得比视域的差错隐藏更可靠的效果，因此 P 视点的差错采用如下方式进行：

(1) 在 FMotion-EC、BMotion-EC、Spatial-EC 和 FDisparity-EC 四种模式中，分别计算各自的最小 SAD 值。

(2) 选择 FMotion-EC、BMotion-EC 和 Spatial-EC 三种模式中 SAD 值比较小的两个模式，将 SAD 值最小的模式的候选预测块定义为 TCB_1 以及 SAD_{t1}，次小的定义 TCB_2 和 SAD_{t2}。

(3) FDisparity-EC 模式的候选预测块定义为 VCB 和 SAD_v。

(4) 用式(5-38)计算优化权值 w。

(5) 如果 FDisparity-EC 模式中的 SAD_v 最小，采用如下方式计算最佳匹配块 B：

$$B = (1-w)VCB + wTCB_1 \tag{5-40}$$

否则，采用如下方式计算最佳匹配块：

$$B = wTCB_1 + (1-w)TCB_2 \tag{5-41}$$

最后受损块由最佳匹配块 B 代替实现差错隐藏。

5.6.4 实验结果与分析

本章实验采用多视点视频序列"exit""vssar"和"ballroom"来对提出的算法进行验证，实验平台选择 JMVC 5.0 测试模型，使用 2.2.3 节提到的 Hierarchical B 多视点视频编码架构，按照上文提出的算法对视频序列进行差错隐藏后传输到解码端。分别在丢包率为 3%、5% 和 10% 的情况下实施本章 5.4 节提出的时空域结合的差错隐藏算法(TPEC)、JMVC 测试模型中差错隐藏算法和本章提出的优化权值多重估计差错隐藏算法(OWME)，比较各种算法得到的恢复图像的峰值信噪比(peak signal to noise ratio，PSNR)并给出恢复后的图像对比。

表 5-5 给出了三种差错隐藏技术在丢包率 3%、5% 和 10% 的情况下隐藏性能比较。

表 5-5 差错隐藏技术的性能比较

序列名称	丢包率	出错图像 PSNR/dB	TPEC PSNR/dB	JMVC EC PSNR/dB	OWME EC PSNR/dB
exit	3%	17.2538	20.9893	25.4372	26.5771
	5%	16.1358	20.1132	25.1923	26.3069
	10%	14.5407	19.0121	23.5873	25.1561
ballroom	3%	18.2014	22.5673	27.0987	28.1273
	5%	16.7312	21.7417	26.7131	27.7064
	10%	15.4354	19.9152	24.5867	26.1201
vssar	3%	19.1124	23.4654	28.1045	29.2143
	5%	17.6452	21.7021	26.6980	27.7153
	10%	16.4354	20.6143	25.4864	26.1164

由表 5-5 可知，利用视点间相关性的视域差错隐藏技术(如表中 JMVC EC 和 OWME EC)隐藏后图像的 PSNR，要比单独采用时空域差错隐藏技术(如表中 TPEC)隐藏以后图像的 PSNR 高，其中 JMVC EC 提高了 4.5~5dB，本节 OWME EC 提高了 5.6~6.2dB，可见视域差错隐藏技术更适合于多视点视频。而本节提出的 OWME EC 相对于 JMVC EC 能取得更好的隐藏效果，平均提高了 1.1~1.6dB。

图 5-36 是 exit 序列第 16 帧图像分别使用 TPEC、JMVC EC 和 OWME EC 三种算法来进行差错隐藏的实验效果图，图中(a)为差错图像，从左到右分别为丢包

率3%、5%和10%,(b)为TPEC差错隐藏结果,(c)为JMVC EC差错隐藏结果,(d)为OWME EC差错隐藏结果。

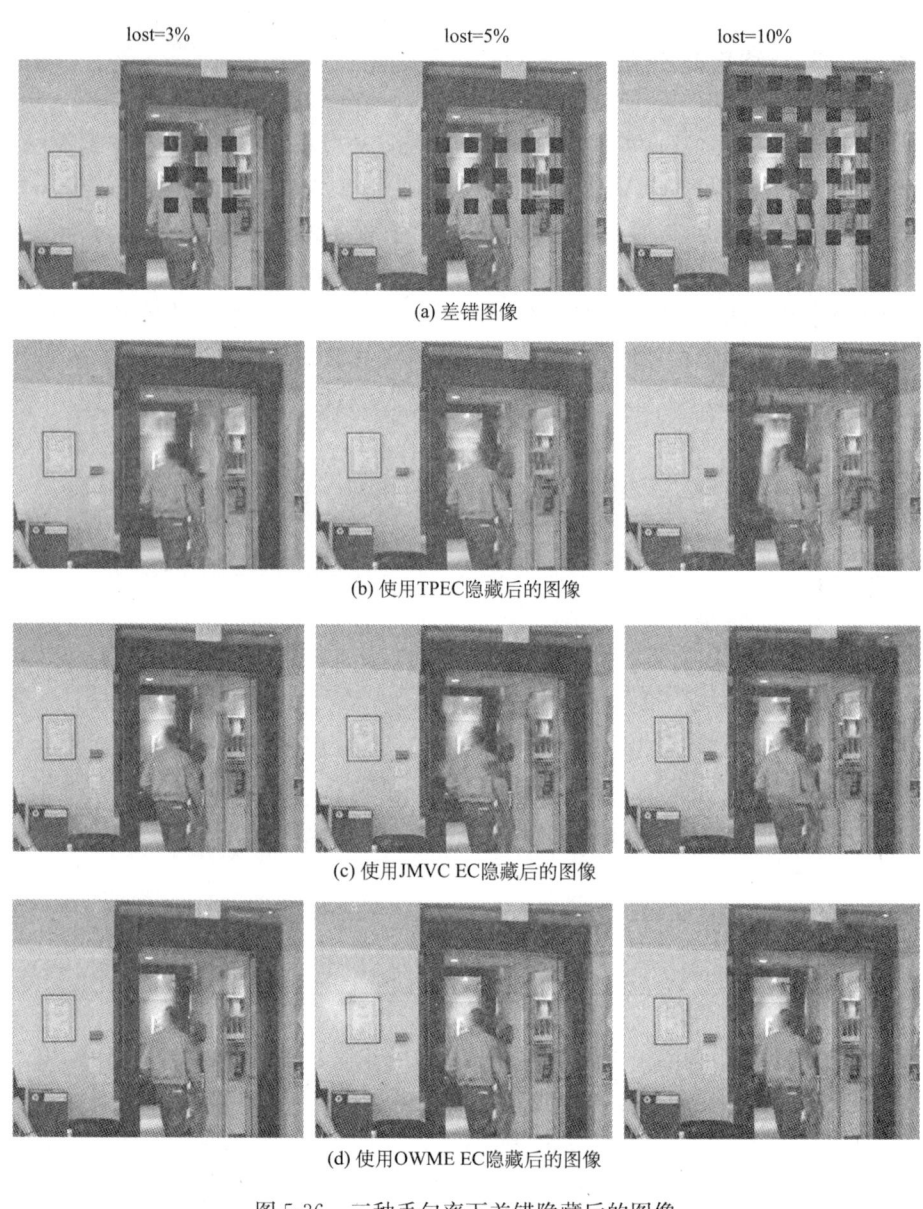

图 5-36　三种丢包率下差错隐藏后的图像

由图5-36可知,分别采用三种丢包率来验证本章算法,本章提出的OWME EC隐藏的效果比较好,特别是在丢包率比较高的情况下,可以利用视点间的相关性，取得更好的隐藏效果。

图 5-37 为本章提出的 OWME EC 算法在各个视点的隐藏后的图像，实验序列是"exit"，图中选用了视点 1、2 和视点 3 第 16 帧图像，丢包率为 3% 的情况下，从多个视点来验证了本节算法对多视点视频差错隐藏的性能。(a)为差错图像，从左到右分别为视点 1、2 和视点 3，(b)为 OWME EC 差错隐藏后的图像。

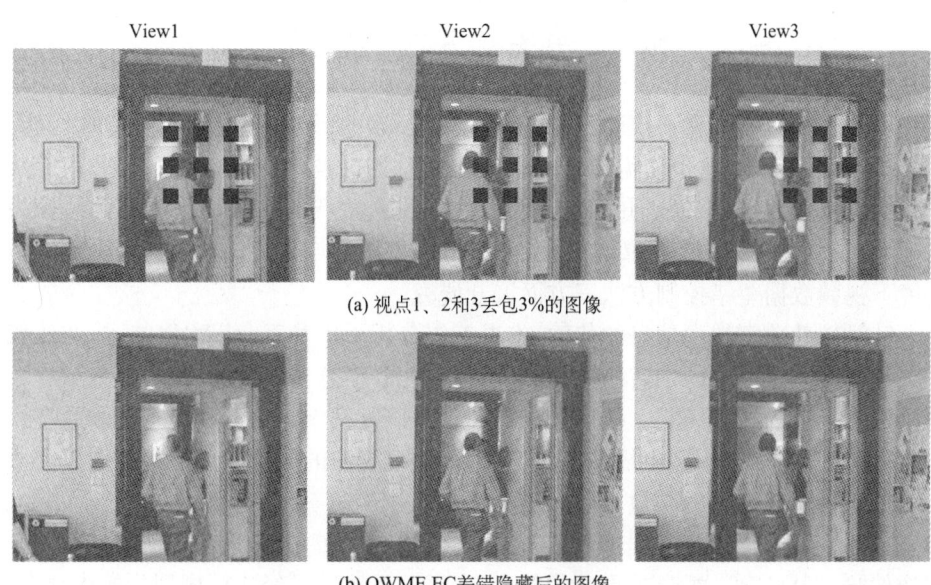

(a) 视点1、2和3丢包3%的图像

(b) OWME EC差错隐藏后的图像

图 5-37　exit 序列三个视点的差错隐藏实验

图 5-37 可知，在多视点丢包情况下，本节提出的算法也具有较好的差错隐藏效果。

第6章 结 论

6.1 主要研究内容总结

煤炭安全高效开采不仅受到设备、管理等因素的影响,还受到矿井特殊地质、环境等因素的影响,这也使得传统的多媒体信息处理技术受到挑战。本书以矿井数字视频信息为对象,以矿井少人(无人)井下安全生产的高效远程可视化监控为目标,从矿井数字视频信息传输机制、矿井低照度图像增强方法和矿井高丢包网络环境下视频数据差错控制方法三方面展开研究。

针对矿井数字视频信息的传输,本书首先分析了矿井工业以太网技术,并比较了其与商用以太网的区别,针对当前煤矿自动化和信息化建设的现状,提出了综合信息网络平台的结构模式。然后依据矿井工业以太网中信息流向不均匀和数字视频传输特征,基于应用层组播技术,构建基于免疫算法的分层应用层组播树以完成大容量矿井视频数据的高效、可靠分发。

针对视频图像采集过程中,煤矿井下粉尘多、光照差的恶劣环境使得矿井监控图像偏暗、对比度低、视觉效果差的特点,本书分析比较了经典模糊理论的优缺点。鉴于矿井现场实时处理的需求,选择可以平滑图像的软阈值去噪函数,并利用小波变换理论对数字图像进行分解,分离出表示图像细节信息的高频分量和表示图像轮廓信息的低频分量,分别进行模糊增强,再经过小波重构,最终实现矿井低照度图像的增强。

矿井巷道结构复杂、电磁干扰严重等特点,使得数据传输的可靠性在矿井下的应用受到挑战。针对矿井高丢包网络环境下视频数据差错控制方法,考虑矿井多媒体视频编码和传输特点,主要从应用层 FEC 控制和视频数据差错隐藏两个角度展开研究。在应用层 FEC 控制中,分析了前向纠错原理及方法,提出了应用层 FEC 编码方案和传输参数控制模型。在接收端,根据图像空域和时域存在的相关性,分析研究时域差错隐藏算法、空域差错隐藏算法、时空域自适应结合的差错隐藏以及视域的视差矢量预测技术。

6.2 下一步研究方向

由于研究范围和个人水平所限,对于矿井数字视频信息处理的分析研究还不

够全面,部分研究成果在深度和广度上都有待于继续下去。需要进一步开展研究的工作有:

(1) 在矿井数字视频组播树的构建中,研究组播服务节点动态选取算法。即能够根据网络节点的各种参数,动态选择组播服务节点的个数和位置,使网络性能达到最优。

(2) 在矿井图像增强方法研究方面,隶属度修正函数中控制参数的选择问题。选取一个恰当的参数值作为阈值对增强效果有很大的影响,结合矿井图像特点,如何快速恰当地选择出这个参数是下一步的研究内容之一。

(3) 在应用层前向纠错研究方面,将前向纠错算法与拥塞控制算法有机地结合在一起,使之能够根据网络状况的变化,动态地调整码流的发送速率以及编码冗余度的大小。

(4) 视频数据差错隐藏研究方面,优化权值的多重估计多视点视频差错隐藏算法,有效地利用了视频序列时间、空间和视点间的相关性,对丢失块进行预测和重建,实现对误码的后向隐藏,取得了比较好的效果。但是为了满足视频传输的实时性要求,本节算法只采用了两重估计,如何在算法性能与算法复杂度之间取得更好的平衡,是进一步的研究重点。

参 考 文 献

[1] 国家煤矿安监局. 煤矿安全生产"十二五"规划. http://www.chinasafety.gov.cn/newpage/Contents/Channel_20694/2011/1207/159444/content_159444.htm[2011].

[2] 钱建生, 曹国清, 陈治国, 等. 矿井多媒体综合业务数字网关键技术的研究. 工矿自动化, 2005, 1: 1-4.

[3] 卓力, 沈兰荪. 视频流关键技术的研究进展. 电子学报, 2002, 30(8): 1213-1218.

[4] 钱建生, 程德强, 田隽, 等. IP网络中实时视频流的可靠传输控制研究. 煤炭科学技术, 2006, 43(5): 53-55, 60.

[5] 杨波. 流媒体系统的关键技术研究. 北京: 北京邮电大学博士学位论文, 2006.

[6] 蔡利梅. 基于视频的煤矿井下人员目标检测与跟踪研究. 徐州: 中国矿业大学博士学位论文, 2010.

[7] 蔡利梅, 钱建生, 赵杰, 等. 基于模糊理论的煤矿井下图像增强算法. 煤炭科学技术, 2009, (8): 94-96.

[8] 徐滨海. 基于H.264的视频差错控制技术研究. 北京: 北京邮电大学硕士学位论文, 2011.

[9] 程德强, 钱建生, 田隽. 一种基于覆盖组播网络的实时视频可靠传输方案设计. 电信科学, 2006, 22(8): 63-67.

[10] 程德强, 钱建生, 顾军, 等. 矿井综合业务数字网络视频传输QoS研究. 电视技术, 2004, (9): 24-25, 35.

[11] 陈道敏, 王正华, 彭宇行, 等. 流媒体安全技术研究与实现. 计算机工程, 2005, 31(6): 137-139.

[12] 程德强, 钱建生. 数字视频监控服务器及其关键技术研究. 煤炭科学技术, 2004, 32(10): 43-46.

[13] Deering S, Cheriton D. Multicast routing in datagram internet works and extended LANS. ACM Trans. Comp. Syst., 1990, 8(2): 85-100.

[14] Deering S. Multicast routing in a datagram internet work. Stanford: Library of Stanford University, 1991.

[15] Deering S, Estrin D, Farinacci D, et al. The PIM architecture for wide-area multicast routing. IEEE/ACM Trans. Networking, 1997, (12): 784-803.

[16] Diot C, Levine B, Lyles J, et al. Deployment issues for the IP multicast service and architecture. IEEE Network, 2000, 14(1): 78-88.

[17] 袁琦. IP组播技术在视频中的应用. http://www.cnii.com.cn/20050801/ca339400.htm[2009-03].

[18] 蒋东星, 郑少仁. IP网络组播技术的新发展. 电信科学, 2003, (9): 9-13.

[19] 丰洪才. IP组播技术在远程监控中的应用. 华中科技大学学报(自然科学版), 2003,

31(S1): 40-42.

[20] Almeroth K C. The evolution of multicast: From the MBone to Inter-Domain multicast to Internet deployment. IEEE Network Magazine, Special Issue on Multicast, 2000.01.

[21] 冯玉龙. 分组级 FEC 技术简析. 现代通信, 2005, (3): 43-44.

[22] 杨健, 王文东, 范锐, 等. 使用主动前向纠错技术的可扩展的可靠组播协议. 北京邮电大学学报, 2003, 26(1): 50-54.

[23] 杨音颖, 吴家皋, 陈益新. 基于 Overlay 网络的应用层组播系统的研究与实现. 计算机应用, 2004, 24(9).

[24] 刘春香, 李洪祚. 实时图像增强算法研究. 中国光学与应用光学, 2009, 2(5): 395-401.

[25] Heric D, Potocnik B. Image enhancement by using directional wavelet transform. Proceedings of the 28th International Conference on Information Technology Interfaces ITI, 2006: 201-206.

[26] Cheng J Y, Liu C X. Novel method of color image enhancement based on wavelet anaylysis. Proceedings of International Symposium on Intelligent Information Technology Application Workshops, 2008: 435-438.

[27] 隆刚, 肖磊, 陈学佺. Curvelet 变换在图像处理中的应用综述. 计算机研究与发展, 2005, 42(8): 1331-1337.

[28] Jean-Luc S, Fionn M, Emmanuel C, et al. Gray and color image contrast enhancement by the curvelet transform. IEEE Transactions on Image Processing, 2003, 12(6): 706-717.

[29] Nezhadarya E, Shamsollahi M B. Image contrast enhancement by contourlet transform. Proceeding of the 48th International Conference on Multimedia Signal Processing and Communications, 2006: 81-84.

[30] 罗忠亮, 林土胜. 基于曲波变换的图像非线性对比度增强. 数据采集与处理, 2009, 24(4): 413-417.

[31] 王保平, 刘怀亮, 李南京, 等. 一种新的自适应图像模糊增强算法. 西安电子科技大学学报(自然科学版), 2005, 32(2): 307-313.

[32] Pal S K, King R A. Image enhancement using fuzzy set. Electronics Letters, 1980, 16(10): 376-378.

[33] Bhutani K R, Battou A. An application of fuzzy relation to image enhancement. Pattern Recognition Letters, 1995, 16(9): 901-909.

[34] Choi Y, Krishnapuram R. A robust approach to image enhancement based on fuzzy logic. IEEE Transaction on Image Processing, 1997, 6(6): 808-824.

[35] Peng D L, Wu T J. A generalized image enhancement algorithm using fuzzy sets and its applications. Proceedings of the First International Conference on Machine Learning and Cybernetics, 2002: 820-823.

[36] Madasu H, Devendra J. An optimal fuzzy system for color image enhancement. IEEE Transactions on Image Processing, 2006, 15(10): 2956-2966.

[37] Tang L R, Zhang J, Qi B. An improved fuzzy image enhancement algorithm. Proceedings

of the Fifth International Conference on Fuzzy Systems and Knowledge Discovery, 2008: 186-189.

[38] Choi D H, Jang I H, Kin M H, et al. Color image enhancement based on single-scale Retinex with a JND-based nonlinear filter. Proceedings of 2007 IEEE International Symposium on Circuits and Systems, 2007: 3948-3951.

[39] Rahman Z, Jobson D J, Woodell G A. Retinex processing for automatic image enhancement. Journal of Electronic Imaging, 2004, 13(1): 100-110.

[40] Jobson D J, Rahman Z, Woodell G A. A multiscale Retinex for bridging the gap between color images and the human observation of scenes. IEEE Transactions on Image Processing: Special Issue on Color Processing, 1997, 6(7): 965-976.

[41] Rahman Z, Jobson D J, Woodell G A. A multiscale Retinex for color rendition and dynamic range compression. Proceedings of International Symposium on Optical Science, Engineering and Instrumentation, 1996: 183-191.

[42] Elad M, Kimmel R, Shaked D, et al. Reduced complexity Retinex algorithm via the variational approach. Journal of Visual Communication & Image Representation, 2003, 14: 369-388.

[43] 宋彬, 常义林. 视频通信中的抗误码方法研究. 高技术通讯, 2002, 12(4): 13-17.

[44] 许凡, 曾致远. 基于TCP友好速率控制和前向纠错的MPEG-2视频传输. 微计算机应用, 2005, 26(5): 556-559.

[45] Zeng W J, Nahrstedt K, Chou P A, et al. Introduction to the special issue on streaming media. IEEE Transactions on Multimedia, 2004, 6(2): 225-229.

[46] 刘涛. 基于RTP的视频流可靠传输. 郑州: 郑州大学硕士学位论文, 2004.

[47] 杨宗凯, 彭杰, 余江. 实时视频通信中的自适应前向纠错方案设计. 计算机工程与科学, 2007, 29(8): 43-45.

[48] Kang L W, Leou J J. A hybrid error concealment scheme for MPEG-2 video transmission based on best neighborhood matching algorithm. Journal of Visual Communication and Image Representation, 2005, 16(3): 288-310.

[49] Haskell P, Messerschmitt D. Resynchronization of motion compensated video affected by ATM cell loss. Proceedings of ICASSP, 1992: 9-12.

[50] Lam W M, Riesman A R, Liu B. Recovery of lost or erroneously received motion. IEEE International Conference on Acoustics, Speech, and Signal Processing, 2005: 417-420.

[51] Ma Y F, Cai A. A new spatial interpolation method for error concealment. Proceedings of International Symposium on Multimedia Software Engineering, 2004: 65-69.

[52] Xu Y L, Zhou Y H. H. 264 video communication based refined error concealment schemes. IEEE Transactions on Consumer Electronics, 2004, 50(4): 1135-1141.

[53] Agrafiotis D, Bull D R, Canagarajah C. Enhanced error concealment with mode selection. IEEE Transactions on Circuits and Systems for Video Technology, 2006, 16(8): 960-973.

[54] Jo M H, Song W J. Error concealment for mpeg-2 video decoders with enhanced coding mode estimation. IEEE Transactions on Consumer Electronics, 2000, 46(4): 962-969.

[55] 程德强. 流媒体覆盖网络及其关键技术研究. 徐州: 中国矿业大学出版社, 2008.

[56] 钱建生, 李世银, 程德强, 等. 煤矿总工程师手册煤矿信息化专篇. 北京: 煤炭工业出版社, 2010.

[57] 钱建生. 矿井多媒体综合业务数字网络模型的研究. 煤炭科学技术, 2003, 31(5): 34-35, 38.

[58] Chu Y H, Rao S G, Seshan S, et al. A case for end system multicast. ACM SIGMETRICS Performance Evaluation Review, 2000, 28(1): 1-12.

[59] 沈波, 张宏科, 刘云. 覆盖网络组播压力与伸长度的性能评价模型. 系统仿真学报, 2005, 17(5): 1107-1114.

[60] Francis P. Yoid: Extending the multicast Internet architecture. http://www.aciri.org/yoid[2008].

[61] Zhang B C, Jamin S, Zhang L X. Host multicast: A framework for delivering multicast to end users. Proceedings of IEEE INFOCOM, 2002: 1366-1375.

[62] 李伟, 沈长宁. 应用层组播协议的研究. 计算机工程与应用, 2004, (24): 156-159.

[63] 章淼, 徐明伟, 吴建平. 应用层组播研究综述. 电子学报, 2004, 32(12A): 22-25.

[64] 莫宏伟. 人工免疫系统原理与应用. 哈尔滨: 哈尔滨工业大学出版社, 2003: 1-47.

[65] Ishida Y. An immune network model and its applications to process diagnosis. Systems and Computers, 1993, 24(6): 38-45.

[66] Chun J S, Kim M K, Jung H K. Shape optimization of electromagnetic devices using immune algorithm. IEEE Transactions on Magnetics, 1997, 33(2): 1876-1879.

[67] 王磊. 免疫进化计算理论及应用. 西安: 西安电子科技大学博士学位论文, 2001.

[68] 周芳, 邓乐斌. 免疫算法与遗传算法的比较. 郧阳师范高等专科学校学报, 2004, 24(3): 8-10.

[69] 东方. 基于免疫算法的物流配送 VRP 研究. 大连: 大连海事大学硕士学位论文, 2006.

[70] 胡朝阳, 文福栓. 免疫算法与其它模拟进化优化算法的比较研究. 电力情报, 1998, (1): 61-73.

[71] 程德强, 钱建生, 赵亮. 基于混合聚类的覆盖网络组播服务节点选择模型. 中国矿业大学学报, 2007, 36(6): 826-832.

[72] Michalewicz Z. Genetic algorithms + data structure = evolution programs. Berlin: Springer-Verlag, 1994.

[73] 蔡利海. 基于视频的煤矿井下人员目标检测与追踪研究. 徐州: 中国矿业大学博士学位论文, 2010.

[74] 何新贵. 模糊知识处理的理论与计算. 北京: 国防工业出版社, 1999.

[75] Zadeh L A. A fuzzy-set-theoretic interpretation of linguistic hedges. Journal of Cybernetic, 1972, 2(3): 4-34.

[76] 姜庆伟. 基于模糊理论的图像增强技术研究与实现. 上海: 华东师范大学硕士学位论

文,2009.

[77] Pal S K, King R A. On edge detection of X-ray images using fuzzy sets. IEEE Transactions on Pattern Analysis and Machine Intelligence,1983,5(1):69-77.

[78] 刘政清,杨华,张骏. 基于模糊集理论的红外图像自适应增强方法. 制导与引信,2006, 27(3):46-47.

[79] 刘习文,蒋艳荣,罗显光. 一种改进的图像模糊增强算法. 计算机工程与应用,2008, 44(4):50-52.

[80] Amaral T G, Crisostomo M M, de Almeida A T. Image thresholding by minimisation of fuzzy compactness and linear index of fuzziness. Proceedings of IEEE International Conference on Fuzzy Systems,1999:1116-1121.

[81] Tizhoosh H R, Krell G, Michaelis B. λ-enhancement: Contrast adaptation based on optimization of image fuzziness. Proceedings of IEEE World Congress on Computational Intelligence,1998:1548-1553.

[82] 王晖,张基宏. 图像边缘检测的区域对比度模糊增强算法. 电子学报,2000,28(1):45-47.

[83] 王晖. 区域对比度模糊增强及其在医学图像边界检测中的应用. 中国生物医学工程学报,2000,19(3):353-355.

[84] 陈武凡,鲁贤庆,陈建军,等. 彩色图像边缘检测的新算法——广义模糊算子法. 中国科学(A辑),1995,25(2):219-224.

[85] 韩培友,郝重阳,董桂云. 基于GFO的双线性快速模糊增强图像边界检测新算法. 计算机工程,2004,30(19):6-7.

[86] 袁野,欧宗瑛. 基于小波变换和模糊算法医学图像边缘检测算法. 大连理工大学学报, 2002,42(4):504-508.

[87] 王丽荣. 基于小波变换的目标检测方法研究. 吉林:吉林大学博士学位论文,2006.

[88] 任彬,汪炳权,黄勇. 医学B超图像的模糊增强处理方法. 中国图像图形学报,1997, 1(2,3):133-136.

[89] 刘兴淼,王仕成,赵静. 基于小波变换与模糊理论的图像增强算法研究. 弹箭与制导学报,2010,30(4):183-186.

[90] 翟改霞,王春光. 基于小波多分辨率分析的图像模糊增强算法的研究与实现. 计算机应用与软件,2008,25(10):261-262.

[91] 刘俊喜. 基于实时应用的流媒体可靠传输. 哈尔滨:哈尔滨工程大学硕士学位论文,2005.

[92] 单玉峰,柴乔林. 组播环境中层式前向纠错与TCP友好拥塞控制策略研究. 计算机学报,2002,25(5):508-513.

[93] Zhong L, Alajaji F, Takahara G. An approximation of the Gilbert-Elliott channel via a queue-based channel model. Proceedings of International Symposium on Information Theory,2004:63.

[94] 陈丹. 基于精细分层编码的视频通信技术研究. 西安:西北工业大学博士学位论

文, 2002.

[95] 陈锋, 胡金演, 沈礼权. 基于 3G 的 H.264 视频编码数据传输. 电视技术, 2006, (12): 62-63.

[96] 张欣, 冯穗力, 叶梧. 基于 H.263 视频码流的差错掩蔽算法. 电视技术, 2004, (8): 4-6.

[97] 宋彬, 郭春芳, 秦浩. 基于 H.264 视频通信的交织保护算法. 通信学报, 2007, 28(6): 74-79.

[98] 程念科, 胡瑞敏, 王中元. 基于 RS 编码的视频差错恢复方法. 计算机应用研究, 2006, (4): 65-67.

[99] 程连冀, 张文军, 陈立. 联合信源信道编码的分级编码视频网络传输. 上海交通大学学报, 2004, (38): 34-38.

[100] 王永芳, 余松煜. 基于 LDPC 的不均等错误保护 H.264 抗误码算法. 系统工程与电子技术, 2006, 28(11): 1637-1640.

[101] 李世银, 刘玉英, 钱建生. 实时数据传输的自适应前向纠错方法研究. 中国矿业大学学报, 2006, 35(6): 803-807.

[102] 梅峥, 李锦涛. 细粒度扩展视频均等质量流化算法. 软件学报, 2006, 17(12): 2499-2507.

[103] Karande S, Wu M Q, Radha H. Network embedded FEC(NEF) for video multicast in presence of packet loss correlation. Proceedings of IEEE International Conference on Image Processing, 2005: 173-176.

[104] 李伟. 基于前向纠错技术的视频差错恢复方法. 计算机工程与应用, 2003, (1): 178-180.

[105] Wang Y, Zhu Q F. Error control and concealment for video communication: A review. Proceedings of the IEEE, 1998: 974-997.

[106] Kwok W, Sun H. Multidirectional interpolation for spatial error concealment. IEEE Transactions on Consumer Electronics, 2003, 39(3): 455-460.

[107] Aign S. Error concealment enhancement by using the reliability out puts of a SOVA in MPEG-2 video decoder. Proceedings of Symposium on Signal Systems and Electronics, 2005: 59-62.

[108] Hong M C, Schwab H. Error concealment algorithms for compressed video. Signal Processing: Image Communication, 1999, 14(6): 473-492.

[109] Kim Y G, Choe Y. An iterative temporal error concealment algorithm for degraded video signals. IEICE Transaction on Communications, 2008, 4(E842B): 941-951.

[110] Zhang J, Arnold J F, Frater M R. A cell-loss concealment technique for MPEG-2 coded video. IEEE Transactions on Circuits and Systems for Video Technology, 2000, 10(4): 659-665.

[111] Valente T S, Dufour C, Groliere F, et al. An efficient error concealment implementation for MFEG4 video streams. IEEE Transactions on Consumer Electronics, 2001, 47(3):

568-578.

[112] Wang Y, Zhu Q F, Shaw L. Maximally smooth image recovery in transform coding. IEEE Transactions on Communication, 1993, 41(10): 1544-1551.

[113] Sun H, Kwok W. Concealment of damaged block transform coded images using projection onto convex set. IEEE Transactions on Image Processing, 1995, 4(4): 470-477.

[114] Aign S, Fazel K. Temporal and spatial error concealment techniques for hierarchical MPEG-2 video codec. Proceedings of IEEE International Conference on Communications, 2005: 1778-1783.

[115] Suh J W, Ho Y S. Error concealment based on directional temporal. IEEE Transactions on Consumer Electronics, 1997, 43(3): 295-302.

[116] Lowe D G. Object recognition from local scale-invariant features. Proceedings of International Conference on Computer Vision, 1999: 1150-1157.

[117] Lowe D G. Distinctive image features from scale invariant keypoints. Proceedings of International Journal of Computer Vision, 2004: 91-110.

[118] ISO/IEC JTC1/SC29/WG11, ITU-T SG16 SQ. 6. Joint Multiview Video Model (JM-VM) 3. 0, JVT-V207, Marrakech, Morocco, 2007.

[119] Park Y O, Kim C S, Lee S U. Multi-hypothesis error concealment algorithm for H. 26L video. Proceedings of 2003: 465-468.

[120] Kung W Y, Kim C S, Kuo C. Spatial and temporal error concealment techniques for video transmission over noisy channels. IEEE Transaction on Circuit System and Video Technology, 2006, 16(7): 789-802.

[121] Song K, Chung T, Kim C S, et al. Efficient multi-hypothesis error concealment technique for H. 264. Proceedings of IEEE International Symposium on Circuits and Systems, 2007: 973-976.